高等职业教育机电类专业新形态教材

金属切削原理与刀具

主 编 高妮萍 李会荣
副主编 周瑜哲 王新海
参 编 薛 帅 郭 栋 褚悦桥
主 审 李俊涛

机械工业出版社

本书由五个制造项目组成,重点突出了典型零件的切削加工技术问题,重视能力培养,融入育人元素,详细介绍了从读图、技术条件分析到工艺工装选择实施、设备操作和质量保障方面的知识应用。以典型零件的切削加工为主线,引出先进金属切削刀具、切削过程理论、切削条件合理选择等知识。

本书可作为高职院校机械制造及自动化专业的教材,也可供工程技术人员参考。教材配套开放资源:国家级资源库 http://101.201.82.59/ "金属切削原理与刀具"课程;陕西省精品在线开放课程:金属切削原理与刀具 陕西国防工业职业技术学院 中国大学 MOOC(慕课)(icourse163.org)。

本书配有电子课件,凡使用本书作为教材的教师可登录机械工业出版社教育服务网(http://www.cmpedu.com),注册后免费下载。咨询电话:010-88379375。

图书在版编目(CIP)数据

金属切削原理与刀具 / 高妮萍,李会荣主编.

北京 : 机械工业出版社,2024.9(2025.6重印). ── ISBN 978-7-111-76092-4

Ⅰ. TG501;TG71

中国国家版本馆 CIP 数据核字第 20243WJ108 号

机械工业出版社(北京市百万庄大街22号 邮政编码100037)
策划编辑:王英杰　　　　　　　　　责任编辑:王英杰
责任校对:杜丹丹　王小童　景　飞　封面设计:张　静
责任印制:郜　敏
北京中科印刷有限公司印刷
2025 年 6 月第 1 版第 2 次印刷
184mm×260mm · 12.25 印张 · 300 千字
标准书号:ISBN 978-7-111-76092-4
定价:39.80 元

前　言

"金属切削原理与刀具"课程属于"训练专业综合能力为主的课程体系"的重要的组成部分，是一门专业核心课程。本书是在以就业为导向的能力本位职业教育新理念在专业课程体系建设实践的基础上，结合企业新技术、新工艺制订的符合本课程标准的一体化教材。本书主要有以下特点：

1. 重点突出。本课程在整个专业课程体系中既承载专业能力训练功能，也有从偏重知识教学环节向偏能力训练教学环节转换的承前启后的功能，因此，学习领域宽泛。本书介绍了各类零件的切削加工技术问题，在读图、技术条件分析、工艺工装选择实施、设备操作和质量保障的基础上，采用企业真实加工案例，结合双高建设智能制造实训中心先进设备引入企业新技术、新工艺的要求，重点突出金属切削加工过程中先进刀具的选择与应用，而对传统切削加工方法及刀具结构有较大的弱化，既加强了先修课程内容，又融入了先进的加工技术，重点突出。

2. 项目集成。本书由五个项目组成，重视能力培养，也就是重视过程教学，项目化是过程化和规范化的典范。本书将本课程所承载的知识能力需求，巧妙地渗透到五个不同的制造项目之中，并详细叙述了项目管理的规范，项目开展的路径，而把完成项目所需专业知识以资讯形式链接其后，以备随时查询，对培养学生自主学习的习惯和终生学习的能力有很好的作用。

3. 立德树人。本书以大国工匠人物故事为引导，课程内容围绕培养学生精益求精的大国工匠精神要求，激发学生科技报国的家国情怀和使命担当。

4. 做学一体。本书五个项目内容均给出了目标、任务及其承载的知识能力要点，融知识、学习于工作过程中。学知识用任务驱动，强能力以过程控制，实现基于工作过程的做学一体化。

5. 操作方便。每个项目由多个任务组成，每项任务的完成有规范的路径流程及监控，容易实现既以学生为主，又不出现盲目无序的情况。基于工作过程的任务完成过程，对学生学习知识和提升能力具有举一反三的固化作用，而知识的隐含特点又符合人的寻知欲望，起到了在任务完成过程中不知不觉地学到知识和提升能力的作用，且课堂上易于操作。

本书共由5个项目，计13个具体任务及附录组成，由陕西国防工业职业技术学院的高妮萍、李会荣、周瑜哲、王新海、薛帅、郭栋和山特维克可乐满公司褚悦桥共同编写，其中高妮萍担任第一主编，负责项目1及附录的编写，李会荣担任第二主编负责任务2.3，任务3.3，任务4.3的编写；周瑜哲担任副主编，负责任务2.1和2.2的编写；王新海担任副主编，负责任务3.1和3.2的编写；薛帅负责任务4.1和4.2的编写；郭栋负责任务5.1、5.2、5.3的编写，褚悦桥负责任务5.4和5.5的编写。全书由高妮萍统稿，陕西国防工业职业技术学院的李俊涛教授审核。在此，感谢"金属切削原理与刀具"课程组的其他老师及山特维克可乐满公司技术人员对全书提出了宝贵的意见。

本书是作为基于工作过程教学的教材，虽经几番实践总结了一些经验，并进行了反复修改，但由于编者水平有限，书中不妥和错误之处仍在所难免，恳请广大读者批评指正。

编　者

目 录

项目 1

车 削 转 轴

【项目导入】

工作对象：转轴，大批量生产。

轴类零件是机器中的主要零件之一，它的主要功能是支承传动件（齿轮、带轮、离合器等）和传递转矩。转轴是机械设备中的重要部件，属于轴类零件的一种，主要作用是传递动力，从而实现机械设备的正常运行。本转轴用于通用电动工具中。本项目的内容是完成该轴第二道工序的加工，项目中包括选用车刀、安装车刀、调整车床并对刀、确定车削的切削用量三个任务。

任务 1.1   选用车刀

1.1.1   任务描述

本项目实施加工转轴零件，材料为 42CrMo，如图 1-1 所示。根据加工要求，本项目的加

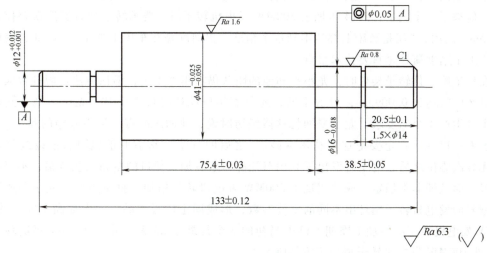

图 1-1   转轴零件

工为第二道工序（加工 $\phi16_{-0.018}^{0}$ mm 和 $\phi41_{-0.050}^{-0.025}$ mm 轴段及 1.5mm×ϕ14mm 的槽），本任务为选择合理的刀具。

【知识目标】

1. 掌握车削加工特点、工艺范围、车削运动。
2. 掌握车刀基本角度的定义及切削意义。
3. 掌握刀具材料的类型。
4. 掌握车刀的结构、特点及应用。

【能力目标】

1. 具备审核零件图及工序图的能力。
2. 具备分析各类刀具适用性的能力。
3. 会根据加工要求正确选用车刀。

【素养目标】

1. 具有良好的职业道德。
2. 具备吃苦耐劳的品质。
3. 具有大勇无畏、精益求精的职业精神。

【素养提升园地】

中国梦·大国工匠篇——龙小平

大国工匠龙小平："团队有一种不服输的劲儿。"国机重装二重（德阳）重型装备有限公司铸锻公司加工一厂的车间内，机器轰隆，大型数控卧式车床并排而立。在这里，龙小平带领团队完成了多件百万千瓦级核电、水电、火电等大型轴类件产品的精加工。"大只是外在，精才是内在。"龙小平这样评价。要将大型轴类零件的加工精度控制在微米级，是非常难的。他举了一个例子，2014 年加工 300MW 发电机转子时，要求转子架口圆度误差控制在 0.0075mm 之内，"就是磨床上都达不到这个精度，更何况是在车床上加工。"因此，突破转子架口加工精度瓶颈是首要技术难点。

在加工第一件转子架口时，龙小平和他的团队仍沿用老工艺，但该方法局限性很大。最终架口精度仅达到 0.009mm，且效率低，光是磨架口就耗时近半个月，无法达到合同规定的一个月生产 1 个的要求。龙小平回忆这段经历时说，他的团队有一种不服输的劲头，"大家就憋着一口气，一定要把这项技术突破。"之后的日子，龙小平带领团队夜以继日地工作，无数次尝试之后，终于研发出了利用双托静压系统加工架口的全新工艺方案，不仅达到微米级，而且还非常稳定，成功实现了 300MW 发电机转子精加工批量生产。龙小平还针对不同型号的发电机转子制订出不同的系统参数，形成固定模板产品，大大提高了加工效率。300MW 发电机转子的精加工周期，已由当初的 3 个月缩至 20 天，并且在 2017 年实现了连续 12 件 300MW 发电机转子精加工零缺陷。

1.1.2 任务实施

1. 分析工序图的技术要求

（1）尺寸精度分析 一段 $\phi16_{-0.018}^{0}$mm 轴（h7），一段 $\phi41_{-0.050}^{-0.025}$mm 轴（f7），槽 1.5mm× $\phi14$mm 及倒角为自由公差。

（2）几何精度分析 $\phi16_{-0.018}^{0}$mm 轴对 $\phi12_{+0.001}^{+0.012}$mm 轴线的同轴度公差为 $\phi0.05$mm。

（3）表面粗糙度分析 $\phi41_{-0.050}^{-0.025}$mm 外圆柱面 Ra 值为 1.6μm，$\phi16_{-0.018}^{0}$mm 外圆柱面 Ra 值为 0.8μm。

2. 选用加工设备

根据该轴的加工要求，正确选择加工设备：轴的最大直径为 $\phi41$mm，根据车床的加工范围及结构特点，选择 Mazak QuickTurn NEXUS300 数控车床，或者性能和加工范围与其类似的数控车床。

3. 选用车刀

此转轴为阶梯轴，材料为 42CrMo，硬度为 180～200HBW。$\phi41_{-0.050}^{-0.025}$mm（IT7，Ra1.6μm）和 $\phi16_{-0.018}^{0}$mm（IT7，Ra0.8μm）采用粗车→半精车→磨削的加工方法；其余表面尺寸精度为自由公差，Ra 值为 6.3μm，采用粗车→半精车达到加工要求。根据以上分析和查阅相关资料，车刀的具体选择如下：

1）$\phi41_{-0.050}^{-0.025}$mm 和 $\phi16_{-0.018}^{0}$mm 外圆柱表面。

粗车：90°外圆车刀、可转位式；刀片材料为 YT5、刀片型号为 CNMG120408 PM4325，如图 1-2 所示；刀杆材料为 45 钢，刀杆型号为 DCLNL2525M12，如图 1-3 所示。

图 1-2 CNMG120408 PM4325 型刀片

图 1-3 DCLNL2525M12 型刀杆

半精车：90°外圆车刀、可转位式；刀片材料为 YT15、刀片型号为 TCMT16T304 PF4325，如图 1-4 所示；刀杆材料为 45 钢、刀杆型号为 STGCL2525M16，如图 1-5 所示。

图 1-4 TCMT16T304 PF4325 型刀片

图 1-5 STGCL2525M16 型刀杆

2）1.5mm×$\phi14$mm 槽。

切槽：切槽刀、机夹式；刀具材料为 W6Mo5Cr4V2 高速工具钢，刀片型号为 N123U3-0150-0000-GS 1125，如图 1-6 所示；刀杆材料为 45 钢、刀杆型号为 LF123U06-2525BM，如图 1-7 所示。

图 1-6 N123U3-0150-0000-GS 1125 型刀片

图 1-7 LF123U06-2525BM 型刀杆

4. 检查与考评

（1）检查

1）学生自查项目任务实施情况。

2）小组间互查，汇报技术方案的可行性。

3）教师进行点评，组织方案讨论，针对问题进行修改，确定最优方案。

4）整理相关资料，归档。

（2）考评

考核评价按表1-1中的项目和评分标准进行。

表 1-1　评分标准

序号	考核评价项目		考核内容	学生自检	小组互检	教师终检	配分	成绩
1	全过程考核	知识能力	相关知识点的学习				20	
			能分析转轴结构工艺性					
			能拟订转轴加工方法及顺序					
2		技术能力	具备信息搜集、自主学习的能力				40	
			具备分析解决问题、归纳总结及创新能力					
			能够根据加工要求正确选用车刀					
3		素养能力	团队协作、沟通协调、精益求精、刻苦钻研、工匠精神、大勇无畏				20	
4			任务单完成				10	
5			任务汇报				10	

1.1.3　知识链接

1. 轴类零件的功用与结构特点

轴类零件是机器中的主要零件之一，它的主要功能是支承传动件（齿轮、带轮、离合器等）和传递转矩。从轴类零件的结构特征来看，它们都是长度 L 大于直径 d 的旋转体零件，若 $L/d>12$，则称为细长轴，而 $L/d\leqslant12$，则通常称为非细长轴，其加工表面主要有内外圆柱面、内外圆锥面、螺纹、花键、沟槽等。

2. 轴类零件的技术要求

（1）尺寸精度　轴类零件的支承轴颈一般与轴承配合，是轴类零件的主要表面，它影响轴的旋转精度与工作状态，通常对其尺寸精度要求较高，为 IT5~IT7。装配传动件的轴颈尺寸精度要求可低一些，为 IT6~IT9。

（2）形状精度　轴类零件的形状精度主要是指支承轴颈的圆度、圆柱度，一般应将其限制在尺寸公差范围内，对精度要求高的轴，应在图样上标注其形状公差。

（3）位置精度　保证配合轴颈（装配传动件的轴颈）相对支承轴颈（装配轴承的轴颈）的同轴度要求或跳动量，是轴类零件位置精度的普遍要求，它会影响传动件（齿轮等）的传动精度。

（4）**跳动精度**　普通精度轴的配合轴颈对支承轴颈的径向圆跳动公差，一般规定为 0.01~0.03mm，高精度轴为 0.001~0.005mm。

（5）**表面粗糙度**　一般与传动件相配合的轴颈的表面粗糙度 Ra 值为 2.5~0.63μm，与轴承相配合的支承轴颈的表面粗糙度 Ra 值为 0.63~0.16μm。

3. 轴类零件表面加工方法的选择

轴类零件表面加工方法与加工的经济精度和经济表面粗糙度等因素有关，选择加工方法时常常根据经验或查表来确定，再根据实际情况或通过工艺试验进行修改。各种加工方法所能达到的经济精度和经济表面粗糙度等级，以及各种典型表面的加工方法均已制成表格，在机械加工的各种手册中都能查到。表 1-2 摘录了外圆表面的加工方法及其经济精度和经济表面粗糙度，供选用时参考。

还须指出，经济精度的数值不是一成不变的，随着科学技术的发展、工艺的改进和设备及工艺装备的更新，加工经济精度会逐步提高。

表 1-2　外圆表面加工方法及其经济精度和经济表面粗糙度

序号	加工方法	经济精度	经济表面粗糙度 Ra/μm	适用范围
1	粗车	IT11~IT13	12.5~50	适用于淬火钢以外的各种金属
2	粗车-半精车	IT8~IT10	3.2~6.3	
3	粗车-半精车-精车	IT7~1T8	0.8~1.6	
4	粗车-半精车-精车-滚压（或抛光）	IT7~IT8	0.025~0.2	
5	粗车-半精车-磨削	IT7~IT8	0.4~0.8	主要用于淬火钢，也可用于未淬火钢，但不宜加工有色金属
6	粗车-半精车-粗磨-精磨	IT6~IT7	0.1~0.4	
7	粗车-半精车-粗磨-精磨-超精加工	IT5	0.012~0.1	
8	粗车-半精车-精车-精细车（金刚车）	IT6~IT7	0.025~0.4	主要用于要求较高的有色金属加工
9	粗车-半精车-粗磨-精磨-超精磨（或镜面磨）	IT5 以上	<0.05	极高精度的外圆加工
10	粗车-半精车-粗磨-精磨-研磨	IT5 以上	<0.1	

4. 车削加工概述

车削加工是机械加工中最基本和最常用的加工方法，是在车床上利用工件的旋转运动和刀具的移动来改变毛坯形状和尺寸，将其加工成所需零件的一种切削加工过程。它既可以加工金属材料，也可以加工塑料、橡胶、木材等非金属材料。车床占机械加工设备总数的50%以上，是金属切削机床中数量最多的一种，适于加工各种回转体表面，在现代机械加工中占有重要的地位。

5. 车削加工工艺范围

车床主要用于加工各种回转体表面（图 1-8），加工的尺寸公差等级一般为 IT11~IT6，表面粗糙度 Ra 值一般为 12.5~0.8μm。对不宜磨削的有色金属进行精车加工可获得更高的尺寸精度和更小的表面粗糙度值。

车床的种类很多，其中应用最广泛是卧式车床。

6. 车削加工的特点

车削加工与其他切削加工方法比较有以下特点：

（1）**车削适应范围广**　它是加工不同材质、不同精度的各种具有回转表面零件不可缺少的工序。

（2）**容易保证零件各加工表面的位置精度**　例如，在一次安装过程中加工零件各回转面时，可保证各加工表面的同轴度、平行度、垂直度等位置精度的要求。

（3）**生产成本低**　车刀是刀具中最简单的一种，制造、刃磨和安装较方便。车床附件较多，生产准备时间短。

（4）**生产率较高**　车削加工一般是等截面连续切削，因此，切削力变化小，较刨、铣等切削过程平稳。车削可选用较大的切削用量，生产率较高。

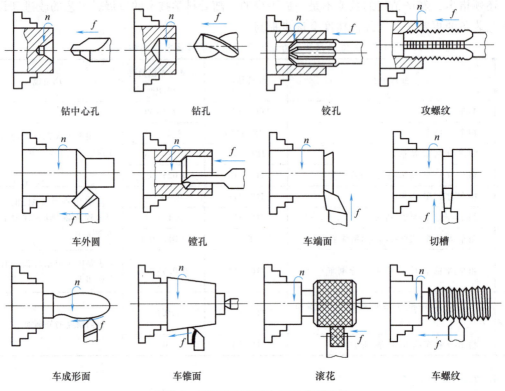

钻中心孔	钻孔	铰孔	攻螺纹
车外圆	镗孔	车端面	切槽
车成形面	车锥面	滚花	车螺纹

图 1-8　普通车床所能加工的典型表面

7. 切削运动

（1）**主运动**　主运动是由机床或人力提供的刀具和工件之间的主要相对运动。它的速度最高，消耗功率最大。机床的主运动只有一个。主运动可以由工件完成、也可以由刀具完成，图 1-9 所示车削外圆时的主运动是工件的旋转运动。如图 1-10 所示，牛头刨床上刨刀的直线往复运动、铣床上铣刀的旋转运动、钻床上钻头的旋转运动、磨床上砂轮

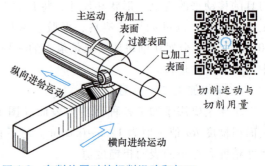

切削运动与切削用量

图 1-9　车削外圆时的切削运动和加工

的旋转运动等，都是切削加工时的主运动。

（2）进给运动　进给运动是由机床或人力提供的刀具和工件之间附加的相对运动。它配合主运动，不断地将多余金属层切除，以保持切削连续或反复地进行。进给运动不限于一个，可以是连续运动，也可以是间歇运动，图1-9所示车削时的进给运动包括纵向进给运动和横向进给运动。切削时工件上形成以下三个不断变化的表面。

1）待加工表面：待加工表面指即将被切除的表面。

2）过渡表面：过渡表面指切削刃正在切削的表面。

3）已加工表面：已加工表面指经切削形成的新表面。

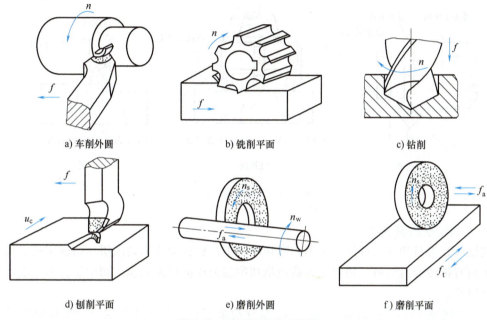

a) 车削外圆　　　　　　　b) 铣削平面　　　　　　　c) 钻削

d) 刨削平面　　　　　　　e) 磨削外圆　　　　　　　f) 磨削平面

图1-10　常见切削运动简图

8. 切削用量三要素

切削用量是指切削速度、进给量和背吃刀量三者的总称（图1-11），也是切削运动的定量描述。

（1）切削速度 v_c　它是切削刃上选定点相对于工件的主运动方向上的瞬时线速度，单位为 m/min。当主运动为旋转运动（如车削、铣削等）时，其切削速度 v_c 为

$$v_c = \frac{\pi d_w n}{1000} \tag{1-1}$$

式中　d_w——完成主运动的工件或刀具的最大直径（mm）；

　　　　n——主运动的转速（r/min）。

（2）进给量 f　进给量是当主运动旋转一周时，刀具（或工件）沿进给方向上的位移量。进给量 f（单位 mm/r）和 f_z（每齿进给量）的大小反映进给速度 v_f（单位为 mm/min）的大小，关系为

$$v_f = nf = nz f_z \tag{1-2}$$

式中　z——刀具齿数。

（3）背吃刀量 a_p 车削时 a_p（单位为 mm）是工件上待加工表面与已加工表面间的垂直距离，即

$$a_p = \frac{d_w - d_m}{2} \tag{1-3}$$

式中 d_w——工件待加工表面的直径（mm）；

d_m——工件已加工表面的直径（mm）。

（4）合成切削速度 v_e 在主运动与进给运动同时进行的情况下，切削刃上任一点的实际切削速度是它们的合成速度 $\boldsymbol{v}_e$，它是主运动速度 $\boldsymbol{v}_c$ 与进给速度 $\boldsymbol{v}_f$ 的矢量和。

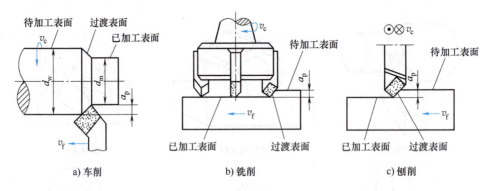

a) 车削　　　　　　　b) 铣削　　　　　　　c) 刨削

图 1-11　切削用量三要素

9. 切削层横剖面参数

切削时，刀具切过工件的一个单程所切除的工件材料层称为切削层。切削层的金属被刀具切削后直接转变为切屑。切削层参数包括切削层公称横截面面积、切削层公称宽度、切削层公称厚度。

（1）切削层公称横截面面积 A_D A_D 简称切削面积，是在切削层尺寸平面里度量的横截面面积。如图 1-12 所示，工件旋转一周，刀具从位置 I 移到 II，切下的 I 与 II 之工件材料层，四边形 ABCD 的面积称为切削层公称横截面面积。

（2）切削层公称宽度 b_D 简称切削宽度，是平行于过渡表面度量的切削层尺寸。

（3）切削层公称厚度 h_D 简称切削厚度，是垂直于过渡表面度量的切削层尺寸，如图 1-12 所示，其计算公式为

$$h_D = f \sin \kappa_r \tag{1-4}$$

$$b_D = \frac{a_p}{\sin \kappa_r} \tag{1-5}$$

$$A_D = a_p f = h_D b_D \tag{1-6}$$

10. 切削方式

切削方式是指加工时刀具相对于工件的运动方式，包括直角切削和斜角切削、自由切削和非自由切削。

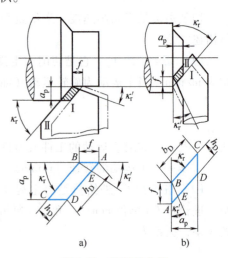

a)　　　　　　b)

图 1-12　切削层参数

直角切削是指切削刃垂直于合成切削运动方向的切削方式，如图 1-13a 所示。当采用直角切削切削时，$\lambda_s = 0°$，切屑流出方向在切削刃法平面内。斜角切削是指切削刃不垂直于合成切削运动方向的切削方式，如图 1-13b 所示。当采用斜角切削时，$\lambda_s \neq 0°$，切屑流出方向不在切削刃法平面内。

切削层和切削方式_1

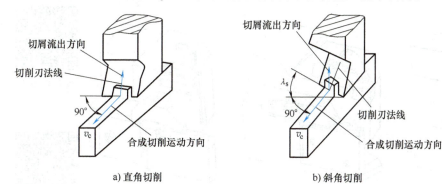

a) 直角切削　　　　　　　　　b) 斜角切削

图 1-13　直角切削和斜角切削

自由切削是指只有一条直线切削刃参与切削的方式，其特点是切削刃上各点切屑流出方向一致，且金属变形在二维平面内。反之，若刀具上的切削刃为曲线或折线，或有几条切削刃（包括主切削刃和副切削刃）同时参加切削，并同时完成整个切削过程，则这种切削称为非自由切削。它的主要特征是各切削刃交会处切下的金属互相影响和干涉，金属变形更为复杂，且发生在三维空间内。例如，外圆车刀切削时，除主切削刃外，还有副切削刃同时参加切削，所以它属于非自由切削方式。

在实际生产中，切削方式通常多属于非自由切削。为了简化条件，常采用直角自由切削研究金属变形。

车刀的种类与用途

11. 车刀的种类与用途

车刀的种类很多，分类方法也不同。常用的分类方法有以下几种：

（1）按用途分类　可将车刀分为外圆车刀、端面车刀、切断刀、内孔车刀、圆头车刀和螺纹车刀等类型（图 1-14）。90°车刀（偏刀）用于车削工件的外圆、台阶和端面；45°车刀（弯头刀）用于车削工件的外圆、端面和倒角；切断刀用于切断工件或在工件上切槽；内孔车刀用于车削工件的内孔；圆头车刀用于车削工件的圆角、圆槽或成形面；螺纹车刀用于车削螺纹。

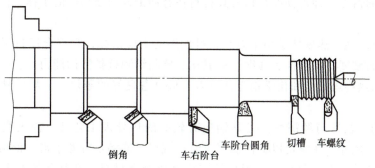

倒角　　　　车右阶台　　车阶台圆角　切槽　车螺纹

图 1-14　不同用途的车刀

（2）**按刀具材料分类** 常用车刀有高速钢车刀，硬质合金车刀，此外还有陶瓷、金刚石、立方氮化硼以及涂层车具等，高速钢和硬质合金是用得最多的车刀材料。

（3）**按刀具结构形式分类** 按结构型式车刀可分为整体式、焊接式、机夹式和可转位式等，如图 1-15 所示。车刀的结构类型、特点和用途见表 1-3。

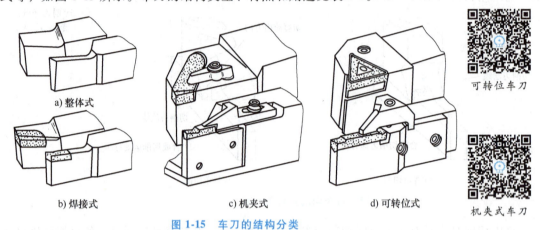

a）整体式

b）焊接式　　c）机夹式　　d）可转位式

可转位车刀

机夹式车刀

图 1-15　车刀的结构分类

表 1-3　车刀结构类型、特点及用途

名称	特点	适用场合
整体式	用整体高速工具钢制造，刃口可磨得较锋利	小型车床或加工非铁金属
焊接式	焊接硬质合金或高速工具钢刀片，结构紧凑，使用灵活	各类车刀特别是小刀具
机夹式	避免了焊接产生的应力、裂纹等缺陷，刀杆利用率高。刀片可集中刃磨获得所需参数；使用灵活方便	外圆、端面、镗孔、切断、螺纹车刀等
可转位式	避免了焊接刀的缺点，刀片可快换转位；生产率高；断屑稳定；可使用涂层刀片	大中型车床加工外圆、端面、镗孔，特别适用于自动线、数控机床

12. 刀具材料

（1）**刀具材料应具备的性能**

刀具材料_1

1）高硬度和好的耐磨性。刀具材料的硬度必须高于被加工材料的硬度才能切下金属。一般刀具材料的硬度应在 60HRC 以上。刀具材料越硬，其耐磨性就越好。

2）足够的强度与冲击韧度。强度是指在切削力的作用下，不至于发生切削刃崩碎与刀杆折断所具备的性能。冲击韧度是指刀具材料在有冲击或间断切削的工作条件下，保证不崩刃的能力。

3）高的热硬性。热硬性是衡量刀具材料性能的主要指标，它综合反映了刀具材料在高温下仍能保持高硬度、耐磨性、强度、抗氧化、抗黏结和抗扩散的能力。

4）良好的热物理性能和化学稳定性。刀具应具备良好的导热性、导电性及耐腐蚀、抗氧化能力。

5）较好的工艺性与经济性。工具钢应有较好的热处理工艺性；淬火变形小、淬透层深、脱碳层浅。此外，在满足以上性能要求时，宜尽可能满足资源丰富、价格低廉的要求。

（2）**常用刀具材料** 目前，车刀广泛应用硬质合金材料，在某些情况下也应用高速工具钢。

1) 碳素工具钢与合金工具钢。

① 碳素工具钢是碳含量最高的钢，如 T8、T10A。碳素工具钢淬火后具有较高的硬度，而且价格低廉。但这种材料的热硬性较差，当温度达到 200℃ 时，即失去它原有的硬度，并且淬火时容易产生变形和裂纹。

② 合金工具钢是在碳素工具钢中加入少量的 Cr、W、Mn、Si 等合金元素形成的刀具材料（如 9SiCr）。由于合金元素的加入，与碳素工具钢相比，其热处理变形有所减小，热硬性也有所提高。

以上两种刀具材料因其热硬性都比较差，所以常用于制造手工工具和一些形状较简单的低速刀具，如锉刀、锯条、铰刀等。

2) 高速工具钢。高速工具钢又称锋钢或风钢，它是含有较多 W、Cr、Mo、V 合金元素的高合金工具钢，如（W18Cr4V）。与工具钢相比，高速工具钢具有较高的热硬性，温度达 600℃ 时，仍能正常切削，其许用切削速度为 30~50m/min，是碳素工具钢的 5~6 倍，而且它的强度、韧性和工艺性都较好，可广泛用于制造中速切削及形状复杂的刀具，如麻花钻、铣刀、拉刀、各种齿轮加工工具等。

3) 硬质合金。硬质合金是由高硬度的难熔金属碳化物（如 WC、TiC、TaC、NbC 等）和金属黏结剂（如 Co、Ni 等）经粉末冶金方法制成的。由于硬质合金中所含难熔金属碳化物远远超过了高速工具钢，因此其硬度，特别是高温硬度和耐磨性，即热硬性都高于高速工具钢。硬质合金的常温硬度可达 89~93HRA（高速工具钢为 83~86HRA），耐热温度可达 800~1000℃。在相同刀具寿命条件下，硬质合金刀具的切削速度比高速工具钢刀具提高 4~10 倍，它是高速切削的主要刀具材料。但硬质合金较脆，抗弯强度低，仅是高速工具钢的 1/3 左右，韧性也很低，仅是高速工具钢的十分之一至几十分之一。目前，硬质合金大量应用在刚性好，刃形简单的高速切削刀具上，随着技术的进步，复杂刀具也在逐步扩大其应用范围。

国家标准 GB/T 18376.1—2008 和 GB/T 2075—2007 将硬质合金分为 P、M、K、N、S、H 6 类。

P 类硬质合金：主要成分为 WC+TiC+Co，用蓝色作标志，相当于原钨钛钴类（YT）。主要用于加工长切屑的黑色金属，如钢类等塑性材料。此类硬质合金的硬度、耐磨性及抗黏结性能好，而抗弯强度及韧性较差。

M 类硬质合金：主要成分为 WC+TiC+TaC(NbC)+Co，用黄色作标志，又称通用硬质合金，相当于原钨钛钽类通用合金（YW）。主要用于加工黑色金属和有色金属。

K 类硬质合金：主要成分为 WC+Co，用红色作标志，又称通用硬质合金，相当于原钨钴类（YG）。主要用于加工短切屑的黑色金属（如铸铁）、有色金属和非金属材料，也适于加工不锈钢、高温合金、钛合金等难加工材料。此类硬质合金有较好的抗弯强度和冲击韧度以及较高的热导率。此类硬质合金的热硬性为 800℃ 并具备良好的综合性能。

硬质合金的分类、牌号与性能见表 1-4。

4) 涂层刀具材料。涂层刀具已成为现代切削刀具的标志，在刀具中的使用比例已超过 50%。切削加工中使用的各种刀具，包括车刀、镗刀、钻头、铰刀、拉刀、丝锥、螺纹梳刀、滚压头、铣刀、成形刀具、齿轮滚刀和插齿刀等都可采用涂层工艺来提高其使用性能。生产上常用的涂层方法有两种：物理气相沉积（PVD）法和化学气相沉积（CVD）法。前者沉积温度为 500℃，涂层厚度为 2~5μm；后者的沉积温度为 900~1100℃，涂层厚度可达

表1-4 常用硬质合金的分类、牌号与性能

类型	牌号	成分（%）					物理力学性能				使用性能					对应 GB/T 2075—2007	
		w(WC)	w(TiC)	w(TaC) w(NbC)	w(Co)	w(其他)	密度 /(g/cm³)	热导率 /(W/m·K)	硬度 HRA (HRC)	抗弯强度 GPa	加工材料类别	耐磨性	韧性	切削速度	进给量	颜色	代号
钨钴类	K01	97	—	—	3	—	14.9~15.3	87	91(78)	1.2	短切屑的黑色金属；非铁金属；非金属材料	↑	↑	↑	↓	红	K 类
	K10	93.5	—	0.5	6	—	14.6~15	75.55	91(78)	1.4							
	K20	94	—	—	6	—	14.6~15	75.55	89.5(75)	1.42							
	K30	92	—	—	8	—	14.5~14.9	75.36	89(74)	1.5							
钨钛钴类	P01	66	30	—	4	—	9.3~9.7	20.93	92.5(80.5)	0.9	长切屑的黑色金属	↑	↑	↑	↓	蓝	P 类
	P10	79	15	—	6	—	11~11.7	33.49	91(78)	1.15							
	P20	78	14	—	8	—	11.2~12	33.49	90.5(77)	1.2							
	P30	85	5	—	10	—	12.5~13.2	62.8	89(74)	1.4							
添加（钽、铌）类	K10	91	—	3	6	—	14.6~15	—	91.5(79)	1.4	长或短切屑的黑色金属；有色金属				—	红	K 类
	K20	91	—	1	8	—	14.5~14.9	—	89.5(75)	1.5							
	M10	84	6	4	6	—	12.8~13.3	—	91.5(79)	1.2						黄	M 类
	M20	82	6	4	8	—	12.6~13	—	90.5(77)	1.35							
碳化钛基类	P01	—	79	—	—	Ni17 Mo14	5.56	—	93.3(82)	0.9	长切屑的黑色金属				—	蓝	P 类
	P10	15	62	1	—	Ni12 Mo10	6.3	—	92(80)	1.1							

$5\sim10\mu m$，并且设备简单，涂层均匀。因 PVD 法未超过高速工具钢本身的回火温度，故高速工具钢刀具一般采用 PVD 法，硬质合金大多采用 CVD 法。

① 氮化钛涂层（TiN）。TiN 是一种通用型 PVD 涂层，可以提高刀具硬度并具有较高的氧化温度。该涂层用于高速钢切削刀具或成形工具可获得很不错的加工效果。

② 氮碳化钛涂层（TiCN）。TiCN 涂层中添加的碳元素可进一步提高刀具硬度并获得更好的表面润滑性，是高速钢刀具的理想涂层。

③ 氮铝钛或氮钛铝涂层（TiAlN/AlTiN）。TiAlN/AlTiN 涂层中形成的氧化铝层可以有效延长刀具的高温加工寿命，主要用于干式或半干式切削加工的硬质合金刀具。根据涂层中所含铝和钛的比例不同，AlTiN 涂层可提供比 TiAlN 涂层更高的表面硬度，因此它是高速加工领域又一个可行的涂层选择。

④ 氮化铬涂层（CrN）。CrN 涂层良好的抗黏结性使其在容易产生积屑瘤的加工中成为首选涂层。涂覆了这种几乎无形的涂层后，高速钢刀具或硬质合金刀具和成形工具的加工性能将会大大改善。

⑤ 金刚石涂层（Diamond）。金刚石涂层可为非铁金属材料加工刀具提供最佳性能，是加工石墨、金属基复合材料（MMC）、高硅铝合金的理想涂层。但纯金刚石涂层刀具不能用于加工钢件，由于加工钢件时会产生大量切削热，并导致发生化学反应，使涂层与刀具之间的黏附层遭到破坏。适用于硬铣、攻螺纹和钻削加工的涂层各不相同，分别有其特定的使用场合。此外，还可以采用多层涂层，此类涂层在表层与刀具基体之间还嵌进了其他涂层，可以进一步延长刀具的使用寿命。

5）其他刀具材料

① 陶瓷。陶瓷的硬度可达到 91~95HRA，耐磨性好，耐热温度可达 1200℃（此时硬度为 80HRA），它的化学稳定性好，抗黏结能力强，但它的抗弯强度很低，仅有 0.7~0.9GPa，故陶瓷刀具一般用于高硬度材料的精加工。

超硬刀具材料_1

② 人造金刚石。人造金刚石的硬度很高，其显微硬度可达 10000HV，是除天然金刚石之外最硬的物质，它的耐磨性极好，与金属的摩擦系数很小，但它的耐热温度较低，在 700~800℃时易脱碳，失去其硬度。它与铁族金属亲和作用大，故人造金刚石多用于对有色金属及非金属材料的超精加工以及作磨具磨料用。

③ 立方氮化硼（CBN）。立方氮化硼是由六方氮化硼（白石墨）在高温高压下转化而成的，是 20 世纪 70 年代发展起来的新型刀具材料，其显微硬度可达 3500~4500HV，仅次于金刚石。它的化学稳定性好，耐热温度可达 1300℃，抗黏结能力强，抗弯强度与断裂韧性介于硬质合金和陶瓷之间，故 CBN 刀具能对淬硬钢、冷硬铸铁进行粗加工与半精加工。同时还能高速切削高温合金、热喷涂材料等难加工材料。

13. 车刀的组成

车刀由刀头、刀柄两部分组成。刀头包括三面（前刀面、后刀面、副后刀面）、两刃（主切削刃、副切削刃）和刀尖（修圆刀尖、倒角刀尖），用于切削。

车刀的组成

（1）刀面

1）前刀面（前面）A_γ：刀具上切屑流过的表面。

2）后刀面（后面）A_α：与过渡表面相对的表面。

3）副后刀面（副后面）A'_α：与已加工表面相对的表面。

前刀面与后刀面之间所包含的刀具实体部分称刀楔。

（2）切削刃

1）主切削刃 S：前、后刀面汇交的边缘，它完成主要的切削工作。

车刀在平面上的几何角度标注_1

2）副切削刃 S'：切削刃上除主切削刃以外的切削刃。它配合主切削刃完成切削工作，并最终形成已加工表面。

（3）刀尖 主、副切削刃汇交的一小段切削刃称刀尖。由于切削刃不可能刃磨得很锋利，总有一些刃口圆弧。为了改善刀尖的切削性能，常将刀尖做成修圆刀尖或倒角刀尖，如图 1-16 所示。

刀柄用于装夹，截面形状为矩形、正方形或圆形，一般选用矩形，其高度根据机床中心高 H 选择，见表 1-5。当刀柄高度尺寸受到限制时，可加宽为正方形，以提高刚性。刀柄的长度一般为其高度的 6 倍。切断车刀工作部分的长度需大于工件的半径。内孔车刀的刀柄的工作部分截面一般做成圆形，长度大于工件孔深。

表 1-5　常用车刀刀柄截面尺寸　　　　　　　　　　（单位：mm）

机床中心高 H	150	180 ~ 200	260 ~ 300	350 ~ 400
正方形刀柄断面 B×B	16×16	20×20	25×25	30×30
矩形刀柄断面 B×L	12×20	16×25	20×30	25×40

其他各类刀具，如刨刀、钻头、铣刀等，都可看作是车刀的演变和组合。如图 1-17 所示，刨刀切削部分的形状与车刀相同（图 1-17a）；钻头可看作是两把一正一反并在一起同时车削孔壁的车刀，因而有两个主切削刃，两个副切削刃，还增加了一个横刃（图 1-17b）；铣刀可看作是由多把车刀组合而成的复合刀具，其每一个刀齿相当于一把车刀（图 1-17c）。

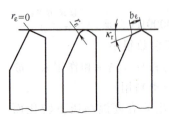

图 1-16　刀尖形状

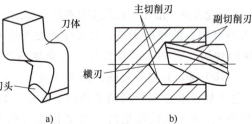

a)　　　　　　　　b)　　　　　　　　c)

图 1-17　刨刀、钻头、铣刀的结构

14. 刀具基本角度的标注

刀具角度是确定刀具切削部分几何形状的重要参数。用于定义和规定刀具角度的各基准坐标平面称为参考系。

车刀的几何角度

刀具静止参考系，它是刀具设计时标注、刃磨和测量的基准，用此定义的刀具角度称刀具标注角度。

刀具工作参考系，它是确定刀具切削工作时角度的基准，用此定义的刀具角度称刀具工作角度。

（1）正交平面参考系及基本标注角度 正交平面参考系如图 1-18 所示。

1）基面 p_r：过切削刃选定点平行或垂直于刀具上的安装面（轴线）的平面，车刀的基面可理解为过切削刃选定点平行刀具底面的平面。

2）切削平面 p_s：过切削刃选定点与切削刃相切并垂直于基面的平面。

3）正交平面 p_o：过切削刃选定点同时垂直于切削平面与基面的平面。在图1-18中，过主切削刃某一点 x 或副切削刃某一点 x' 都可建立正交参考系平面，副切削刃与主切削刃的基面是同一个。

正交平面参考系标注的角度如图1-19所示。

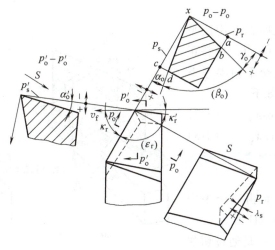（图1-18 右上部分为示意图）

图1-18　正交平面参考系

在正交平面 p_o 内定义的角度有：

① 前角 γ_o：前角指前刀面与基面之间的夹角，它表示前刀面的倾斜程度。

② 后角 α_o：后角指主后刀面与切削平面之间的夹角，它表示主后刀面的倾斜程度。

在基面 p_r 内定义的角度有：

③ 主偏角 κ_r：主偏角指主切削刃在基面投影与假定进给方向的夹角。

④ 副偏角 κ_r'：副偏角指副切削刃在基面投影与假定进给反方向的夹角。

在切削平面 p_s 内定义的角度有：

⑤ 刃倾角 λ_s：刃倾角指主切削刃与基面之间的夹角。

前角的定义　　后角的定义　　副后角的定义　　主偏角的定义　　副偏角的定义　　刃倾角的定义

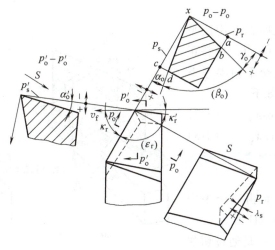

图1-19　正交平面参考系的刀具角度

在副正交平面 p_o'（过副切削刃上选定点垂直于副切削刃在基面上投影的平面）内定义的角有：

⑥ 副后角 α_o'：副后角指副后刀面与副切削平面 p_s'（过副切削刃上选定点的切线垂直于基面的平面）之间的夹角。副后角表示副后刀面的倾斜程度，一般情况下为正值，且 $\alpha_o' = \alpha_o$。

其他常用的刀具角度如刀尖角 ε_r、楔角 β_o 等为派生角度。

前、后角及刃倾角正负的判定如图 1-20 所示。

① 前、后角正负的判定。若前、后刀面都位于 p_r、p_s 组成的直角平面系之内时，前、后角都为正值；反之，则为负值。前刀面与 p_r 重合时，前角为零；后刀面与 p_s 重合时，后角为零。

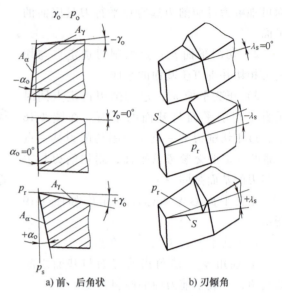

a) 前、后角状   b) 刃倾角

图 1-20　刀具角度正负的判定

② 刃倾角正负的判定。刀尖相对车刀的底平面处于最高点时，刃倾角为正；刀尖相对车刀的底平面处于最低点时，刃倾角为负；切削刃与基面平行时，刃倾角为零。

（2）法平面参考系及标注角度　法平面参考系由 p_r、p_s、p_n 三个平面组成，如图 1-21a 所示。其中：法平面 p_n 过切削刃某选定点并垂直于切削刃的平面。

前角正负

后角正负

刃倾角正负

当刀具刃倾角较大时，常用法平面内前角（γ_n）、后角（α_n），代替正交平面前、后角，与正交平面参考系中刀具角度的换算公式如下：

$$\tan\gamma_n = \tan\gamma_o \cos\lambda_s \qquad (1\text{-}7)$$

$$\cot\alpha_n = \cot\alpha_o \cos\lambda_s \qquad (1\text{-}8)$$

（3）假定工作平面参考系及标注角度

假定工作平面参考系由三个平面 p_r、p_f、p_p 组成，如图 1-21b 所示。

1）假定工作平面 p_f：是通过切削刃上选定点垂直于基面和平行于假定

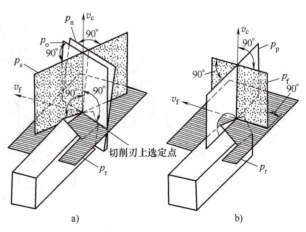

a)　　　　　　b)

图 2-21　法平面参考系和假定工作平面参考系的刀具角度

进给方向的平面。

2）背平面 p_p：是通过切削刃上选定点垂直于该点基面和假定工作平面的平面。

p_r、p_f、p_p 也构成空间直角坐标系。在此坐标系内标注角度有：主偏角 κ_r、副偏角 κ_r'；背前角 γ_p、背后角 α_p；侧前角 γ_f、侧后角 α_f。它们与正交平面参考系中刀具角度的关系为：

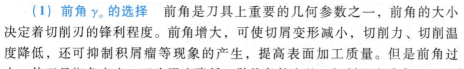

$$\tan\gamma_f = \tan\gamma_o \sin\kappa_r - \tan\lambda_s \cos\kappa_r \tag{1-9}$$

$$\tan\gamma_p = \tan\gamma_o \cos\kappa_r + \tan\lambda_s \sin\kappa_r \tag{1-10}$$

$$\cot\alpha_f = \cot\alpha_o \sin\kappa_r - \tan\lambda_s \cos\kappa_r \tag{1-11}$$

$$\cot\alpha_p = \cot\alpha_o \cos\kappa_r + \tan\lambda_s \sin\kappa_r \tag{1-12}$$

15. 刀具几何角度的合理选择

刀具几何角度直接影响切削效率、刀具寿命、表面质量和加工成本。因此必须重视刀具几何角度的合理选择，以充分发挥刀具的切削性能。

刀具几何角度的合理选择_1

（1）前角 γ_o 的选择 前角是刀具上重要的几何参数之一，前角的大小决定着切削刃的锋利程度。前角增大，可使切屑变形减小，切削力、切削温度降低，还可抑制积屑瘤等现象的产生，提高表面加工质量。但是前角过大，使刀具楔角变小，刀头强度降低，散热条件变差，切削温度升高，刀具磨损加剧，刀具寿命降低。前角大小选择总的原则是：在保证刀具寿命满足要求的条件下，尽量取较大值。具体选择应根据以下几个方面考虑：

1）根据工件材料选择。加工塑性金属前角较大，而加工脆性材料前角较小；材料的强度和硬度越高，前角越小，甚至取负值。

2）根据刀具材料选择。高速工具钢强度、韧性好，可选较大前角；硬质合金的强度、韧性较高速工具钢低，故前角较小；陶瓷刀具前角应更小。

3）根据加工要求选择。粗加工和断续切削前角选小值；精加工时前角选较大值。硬质合金刀具前角值见表1-6。

（2）后角 α_o、副后角 α_o' 的选择 后角 α_o 的主要作用是减小刀具后刀面与工件表面之间的摩擦，所以后角不能太小。后角过小时，刀具后刀面与工件表面之间的摩擦加剧，切削温度过高，加工硬化严重。后角也不能过大，后角过大时，虽然刃口锋利，但会使刃口强度降低，从而降低刀具寿命。后角大小选择总的原则是：在不产生较大摩擦条件下，尽量取较小后角。具体选择 α_o 大小时，根据以下几个因素考虑。

1）根据加工要求选择：粗加工时，后角应选小些（6°~8°）；精加工时，切削用量较小，工件表面质量要求高，后角应选大些（8°~12°）。

2）根据加工工件材料选择。加工塑性金属材料，后角适当选大值；加工脆性金属材料，后角应适当减小；加工高强度、高硬度钢时，应取较小后角。

副后角 α_o' 选择原则与主后角 α_o 基本相同。对于有些焊接刀具为便于制造和刃磨，取 $\alpha_o = \alpha_o'$，有的刀具，例如切槽刀和三面刃铣刀取小副后角 $\alpha_o' = 1°~2°$。

（3）主、副偏角 κ_r、κ_r' 的选择 主偏角较小时，刀尖角增大，提高了刀尖强度，改善了散热条件，对提高刀具寿命有利。但是，主偏角较小时，背向力 F_p 大，容易使工件或刀杆（孔加工刀）产生挠度变形而引起"让刀"现象，以及引起工艺系统振动，影响加工质量。因此，工艺系统刚性好时，常采用较小的主偏角；工艺系统刚性差时要取较大主偏角。

副偏角的大小主要影响已加工表面的表面粗糙度，为了降低工件表面粗糙度值，通常取较小的副偏角，具体选择见表1-7。

表1-6 硬质合金刀具前角值

工件材料	碳钢 R_m/GPa				40Cr	调质40Cr	不锈钢	高锰钢	钛和钛合金
	≤0.445	≤0.558	≤0.784	≤0.98					
前角	25°~30°	15°~20°	12°~15°	10°	13°~18°	10°~15°	15°~30°	3°~-3°	5°~10°

工件材料	淬硬钢					灰铸铁		铜			铝及铝合金
	38~41 HRC	44~47 HRC	50~52 HRC	54~58 HRC	60~65 HRC	≤220 HBW	>220 HBW	纯铜	黄铜	青铜	
前角	0°	-3°	-5°	-7°	-10°	12°	8°	25°~30°	15°~25°	5°~15°	25°~30°

表1-7 主偏角 κ_r、副偏角 κ_r' 选用值

适用范围 加工条件	加工系统刚性差的台阶轴、细长轴、多刀车、仿形车	加工系统刚性差,粗车、强力车削	加工系统刚性较好,加工外圆、端面、倒角	加工系统刚性足够的淬硬钢、冷硬铸铁	加工不锈钢	加工高锰钢	加工钛合金
主偏角 κ_r	75°~93°	60°~70°	45°	10°~30°	45°~75°	25°~45°	30°~45°
副偏角 κ_r'	10°~6°	15°~10°		10°~5°	8°~15°	10°~20°	10°~15°

（4）刃倾角 λ_s 的选择　刃倾角的主要作用是控制切屑流出方向，增加切削刃的锋利程度；增加切削刃参加工作的长度，使切削过程平稳以及保护刀尖。刃倾角的选择原则是：

1）根据加工要求选择。粗加工时，为提高刀具的强度，选择 $\lambda_s = 0° \sim -5°$；刃倾角 λ_s 取较大的负值时，背向切削力 F_p 增大，使工件或刀杆产生变形，故精加工取 $\lambda_s = 0° \sim +5°$。

2）根据加工条件选择。加工断续表面、余量不均匀表面时及有冲击载荷时，取负刃倾角。

16. 车刀的刃磨

车刀（指整体车刀与焊接车刀）用钝后是在砂轮机上刃磨的。磨高速钢车刀用白色氧化铝砂轮，磨硬质合金刀头用绿色碳化硅砂轮。

磨削与砂轮_1

（1）砂轮的选择　砂轮的特性由磨料、粒度、硬度、结合剂和组织5个因素决定。

1）磨料。常用的磨料有氧化物系、碳化物系和高硬磨料系3种，常用的是氧化铝砂轮和碳化硅砂轮。氧化铝砂轮磨粒硬度低（2000~2400HV）、韧性大，适用刃磨高速钢车刀，其中白色的叫作白刚玉，灰褐色的叫作棕刚玉。碳化硅砂轮的磨粒硬度比氧化铝砂轮的磨粒硬度高（2800HV以上），性脆而锋利，并且具有良好的导热性和导电性，适合刃磨硬质合金。其中常用的是黑色和绿色的碳化硅砂轮。绿色的碳化硅砂轮更适合刃磨硬质合金车刀。

2）粒度。粒度表示磨粒大小的程度。以磨粒能通过每英寸长度上多少个孔眼的数字作为表示符号。例如粒度F60是指磨粒刚可通过每英寸长度上有60个孔眼的筛网。因此，数字越大则表示磨粒越细。粗磨车刀应选磨粒号数小的砂轮，精磨车刀应选号数大（即磨粒细）的砂轮。

3）硬度。砂轮的硬度是反映磨粒在磨削力作用下，从砂轮表面上脱落的难易程度。砂轮硬，表示表面磨粒难以脱落；砂轮软，表示磨粒容易脱落。砂轮的软硬和磨粒的软硬是两个不同的概念，必须区分清楚。刃磨高速钢车刀和硬质合金车刀时应选软或中软的砂轮。

综上所述，我们应根据刀具材料正确选用砂轮。刃磨高速钢车刀时，应选用粒度为 F46 到 F60 的软或中软的氧化铝砂轮。刃磨硬质合金车刀时，应选用粒度为 F60 到 F80 的软或中软的碳化硅砂轮，两者不能搞错。

（2）车刀刃磨的步骤　现以硬质合金外圆车刀为例，介绍手工刃磨车刀的方法。

1）先磨去车刀上的焊渣，并将车刀底面磨平。

2）粗磨主后刀面和副后刀面的刀柄部分（以形成后隙角）。刃磨时，在略高于砂轮中心的水平位置处将车刀翘起一个比刀体上的后角大 2°~3°的角度，以便再刃磨刀体上的后角和副后角，如图 1-22 所示。

3）粗磨刀体上的后角。磨主后刀面时，刀柄应与砂轮轴线平行，同时，刀底平面向砂轮方向倾斜一个比后角大 2°的角度，如图 1-23a 所示。刃磨时，先把车刀已磨好的后隙面靠在砂轮的外圆上，以接近砂轮中心的水平位置为刃磨的起始位置，然后，使刃磨位置继续向砂轮靠近，并左右缓慢移动。当砂轮磨至切削刃处即可结束。

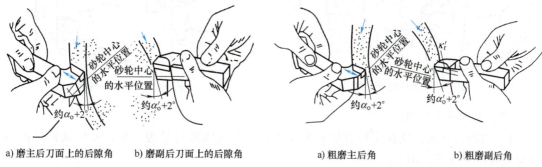

图 1-22　粗磨刀柄部分（以形成后隙角）　　　　图 1-23　粗磨后角、副后角

4）粗磨刀体上的副后角。磨副后刀面时，刀柄尾部应向右转过一个副偏角的角度，同时，车刀底平面向砂轮方向倾斜一个比副后角大 2°的角度，如图 1-23b 所示。刃磨方法与粗磨刀体上主后刀面大体相同，不同的是粗磨副后刀面时砂轮应磨到刀尖处为止。

5）粗磨前刀面。以砂轮的端面粗磨出车刀的前刀面，并在磨前刀面的同时磨出前角，如图 1-24 所示。

6）磨断屑槽。手工刃磨断屑槽一般为圆弧形。刃磨前，应先将砂轮圆柱面与端面的交点处用金刚石笔或硬砂条修成相应的圆弧。刃磨时，刀尖可以向下或向上磨，如图 1-25 所示，但选择刃磨断屑槽部位时，应考虑留出刀头倒棱的宽度，刃磨的起点位置应该与刀尖主切削刃离开一定距离，防止主切削刃和刀尖被磨塌。

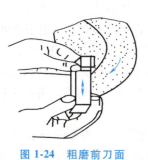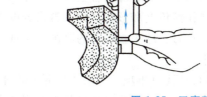

图 1-24　粗磨前刀面　　　　　　　　图 1-25　刃磨断屑槽的方法

7）精磨主、副后刀面。选用碳化硅环形砂轮。精磨前应先修整好砂轮，保证回转平稳。刃磨时将车刀底平面靠在调整好角度的托架上，使切削刃轻轻靠住砂轮端面，并沿着端面缓慢地左右移动，保证车刀刃口平直，如图 1-26 所示。

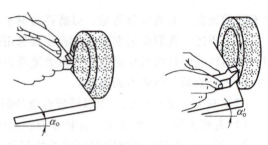

图 1-26　精磨主后刀面和副后刀面

8）磨负倒棱。负倒棱如图 1-27 所示，负倒棱刃磨有直磨法和横磨法两种，如图 1-28 所示。刃磨时用力要轻微，要使主切削刃的后端向刀尖方向摆动。负倒棱倾斜角度为 $-5°$，宽度 $b = 0.4 \sim 0.8\text{mm}$，为了保证切削刃的质量，最好采用直磨法。

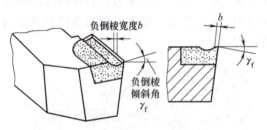

图 1-27　负倒棱示意图

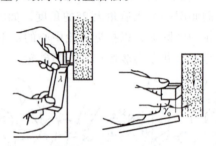

图 1-28　磨制负倒棱

（3）磨刀安全知识

1）刃磨刀具前，应首先检查砂轮有无裂纹，砂轮轴螺母是否拧紧，并经试转后使用，以免砂轮碎裂或飞出伤人。

2）刃磨刀具不能用力过大，否则会使手打滑而触及砂轮面，造成工伤事故。

3）磨刀时应戴防护眼镜，以免砂粒和切屑飞入眼中。

4）磨刀时不要正对砂轮的旋转方向站立，以防意外。

5）磨小刀头时，必须把小刀头装在刀杆上。

6）砂轮支架与砂轮的间隙不得大于 3mm，如发现过大，应调整适当。

（4）机器刃磨刀具

万能刀具研磨机。万能刀具研磨机是用来修整刀具的设备，适用于多种材质及形状的刀具，常用的有：雕刻刀、加工中心刀具、面铣刀、立铣刀、球头立铣刀等。高速工具钢、合金材质及部分超硬质材料均适合研磨。

1）万能刀具研磨机的特点。磨刀简洁方便，而且磨出来的切削刃在一条笔直的直线上，较之手工磨刀使得刀片的使用强度增加，并可延长刀片的使用寿命及增强其加工能力。万能刀具研磨机各部件之间结构紧凑，外型布置美观合理，磨头走刀均匀平稳，适用于各种刀具的刃磨。万能刀具研磨机是在磨刀机的功能和特性上进行改良优化，使其能磨削各类形似半圆角或反锥角的高速工具钢、硬质合金刀具和单边或多边刀具。磨削分度头可在 24 种位置下操作以便于磨削任何角度和形状，只需替换分度头上的附件而不需任何复杂的步骤就可进行立铣刀、钻头、车刀、球头立铣刀的磨削。实现一机多用的功能，为有多种刀具修磨需求的企业节约了成本。

2）万能刀具研磨机的注意事项。刃磨进给量一次不能过大，否则砂轮会磨损过快，还会造成磨出的刀具不锋利。万能刀具研磨机具有磨削精度高，安装方便，造型美观，结构新颖，各转动部位灵活，噪声低，振动小，刀架部分带轴承，耐用、耐磨、操作方便等特点，专门设计用于刃磨车床、铣床、钻床、镗床等各种直径、形状、角度的车刀、面铣刀等刀具，因此它是机械加工行业刀具刃磨的必备的配套设备。

1.1.4 新技术新工艺

内冷式刀具

现代车削刀具配备的喷嘴能够提供直接对准前刀面切削区域的高精度切削液，从而控制断屑并确保安全加工，如图1-29所示。为了优化机床的能力、进一步延长刀具寿命并改进切屑形成效果，可通过改变喷嘴直径对切削液流量和流速进行微调。高精度切削液在压力较低时就开始产生积极影响，压力越高，就越能成功地加工要求更高的材料。

大多数现代车削刀具都采用贯穿刀具的内冷设计，其中许多刀具实际上同时提供高精度上方切削液和下方切削液。高精度上方切削液由一个喷嘴（或类似部件）正对着前刀面的切削区域引导切削液射流，降低温度并改善切屑控制，可与高切削液压力一起用于改进断屑性能；下方切削液是作用于后刀面的一股切削液射流，能够有效地为刀片散热，从而延长刀具寿命。传统切削液出口在大多数情况下具有比高精度切削液喷嘴更大的出口直径的可调喷嘴，用于在加工过程中使切削液流过刀片和工件，这些刀具不能与高压切削液一起使用。内冷式外圆车刀，如图1-30所示。内冷式内孔车刀如图1-31所示。

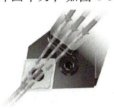

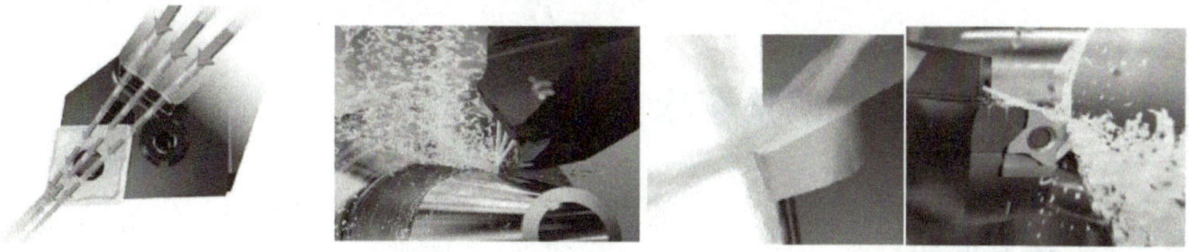

图 1-29 内冷式刀具结构

Coro Turn®Prime

Prime Turning™-全向切削提升零件产量，降低单个零件成本，高精度上方和下方冷却

Coro Turn®300

8刃刀片车削刀具，iLock™接口，出色的稳定性，实现高性能钢件车削，高精度上方和下方冷却

T-Max®P

双面ISO刀片车削刀具，适用于所有应用范围的规格齐全的刀具，高精度上方和下方冷却

Coro Turn®107

单面ISO刀片车削刀具，适用于所有应用范围的规格齐全的刀具，高精度上方和下方冷却

CoroCut®XS

外圆车削，小直径车削、螺纹加工、切断和切槽，精度高

CoroTurn®TR

单面刀片车削刀具，iLock™接口，出色的稳定性，实现最佳零件质量，高精度上方和下方冷却

T-Max®

使用圆形陶瓷刀片的车削刀具，适用航空航天和其他HRSA耐热超级合金应用，采用Coromant Capto & SL70接口的模块化刀具

CoroCut®1-2

通用切断和切槽适用于所有应用范围的槽型和材质，高精度上方和下方冷却

图 1-30 内冷式外圆车刀

T-Max®P

双面ISO刀片车削刀具,适用于所有应用范围的规格齐全的刀具,高精度上方和下方冷却

Coro Turn® Prime SL 切削头

Prime Turning™-全向切削提升零件产量,降低单个零件成本,高精度上方和下方冷却

Coro Turn®107

单面ISO刀片车削刀具,适用于所有应用范围的规格齐全的刀具,高精度上方和下方冷却

CoroCut®MB

内圆车削,直径最小10mm车削、螺纹加工、切断和切槽,精度高

Coro Turn® XS

内圆车削,直径最小0.3mm车削、螺纹加工、切断和切槽,精度高

T-Max®

使用圆形陶瓷刀片的车削刀具,适用航空航天和其他HRSA耐热超级合金应用,采用Coromant Capto & SL70接口的模块化刀具

Coro Turn®TR

单面刀片车削刀具,iLock™接口,出色的稳定性,实现最佳零件质量,高精度上方和下方冷却

图 1-31　内冷式内孔车刀

任务1.2　安装车刀、调整车床并对刀

1.2.1　任务描述

安装车刀、调整车床并对刀。

【知识目标】

1. 掌握车刀安装的方法及注意事项。
2. 掌握车刀工作角度的定义。
3. 掌握车刀安装对工作角度的影响。
4. 掌握调整车床并对刀的相关知识。

【能力目标】

1. 能熟练操作车床,安装并找正工件。
2. 能正确选用车刀、安装车刀并对刀。
3. 能熟练操作先进车刀的安装并对刀。

【素养目标】

1. 培养学生标准意识,热爱劳动。
2. 增强职业规范,掌握新技术新工艺。

【素养提升园地】

把每件产品当成自己的孩子来孕育

最令龙小平印象深刻的，是完成对世界首件CAP1400核电转子的精加工。该转子重达264t，总长17395mm，最大直径2044mm，工件过重、过长、过大。其中，加工难度最大的要数架口部位，形位公差要求在0.01mm以内。2014年12月，龙小平接到了这个"跟天气一样严酷"的任务。"我们是第一次加工这么大的核电转子，对整个团队都是一种挑战。"不停地试切、失败、调整，再试切、再失败、再调整……龙小平在车床旁一站，往往就是十几个小时。功夫不负有心人。经过不断摸索尝试，龙小平和他的团队终于一步步顺利完成了对CAP1400核电转子的精加工，并做到交检时转轴架口圆度误差达到惊人的0.003mm，大大超过了0.01mm的技术标准。这件产品也打破了日本对该类型产品的技术垄断，填补了国内核电市场空白，并大大降低了核电企业的生产成本。"0.003mm相当于头发丝的1/30～1/20，是加工的极限了。"龙小平对记者介绍道，加工要达到如此高的精度，是不太可能通过设备去支持的，"就是靠我们工人的技能，不断改变参数和方法，最终取得成功。"

"把每件产品当成自己的孩子来孕育"，这是龙小平的信念。"这个工作虽然看起来是跟冰冷的机器打交道，但每一件产品都倾注了我们很多心血，真的是把它们当作自己子女，爱不释手。"龙小平笑着说："尤其是在产品发运的时候，确实有种难以割舍的情怀，不愿意看到产品被运走。"采访间隙龙小平给记者展示他的手机相册，那里面存储最多的照片，就是自己加工的各种产品。

1.2.2　任务实施

1. 安装车刀

安装车刀的步骤见表1-8。

表1-8　安装车刀的步骤

步骤	图示	说明
1. 检查刀架		检查刀盘,确认装刀位置号码
2. 紧固刀架	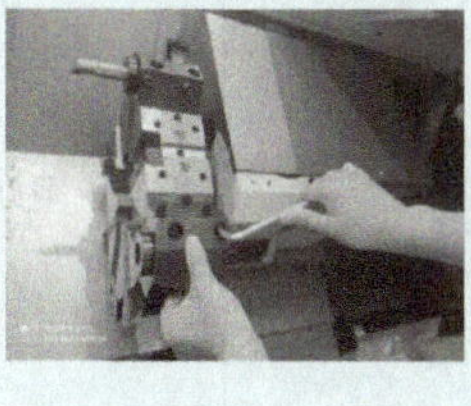	将刀架固定在刀盘上,便于安装刀具

（续）

步骤	图示	说明
3. 调整刀具位置		调整刀具伸出长度,为刀杆的 1/4~1/3
4. 紧固刀具	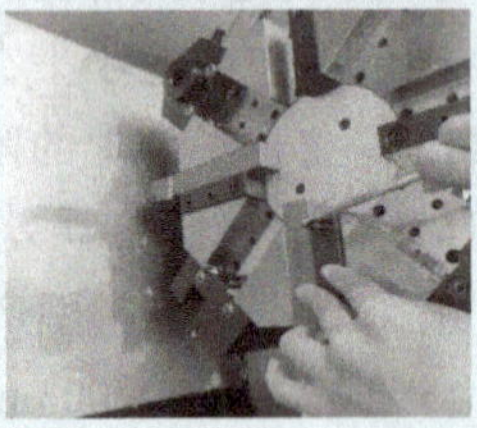	用扳手紧固刀具,并检查

2. 车刀车端面对刀

车端面对刀步骤见表 1-9。

表 1-9　车端面对刀步骤

步骤	图示	说明
1. 开动机床		机床上电,按下 NC 启动按钮,开动机床
2. 设置坐标系		利用控制面板,设置坐标系
3. 调节刀具位置		缓慢地摇动手轮调节车刀,使刀具靠近工件。和工件端面轻微接触
4. 试切		沿 Z 轴进给 1~2mm,摇动手轮使刀具切过工件中心

（续）

步骤	图示	说明
5. 退刀	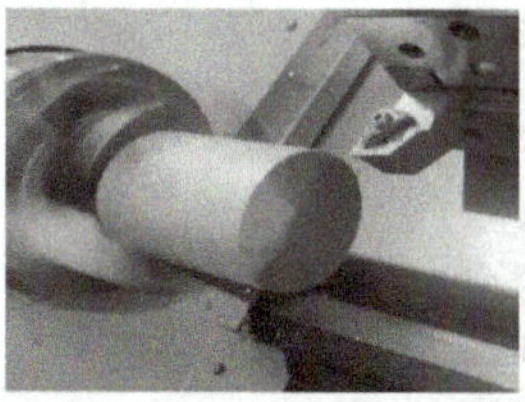	向外退出刀具
6. 测量记录数据	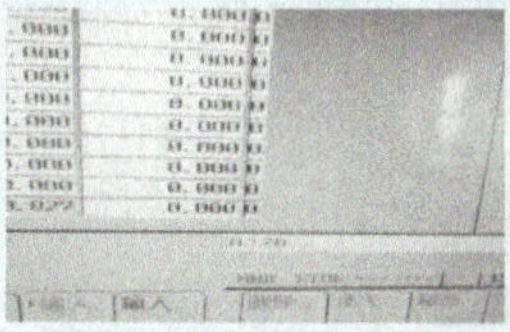	记录刀具当前位置点坐标值为Z0，输入操作面板，记录数据

3. 车刀车外圆对刀

车外圆对刀步骤见表1-10。

表1-10　车外圆对刀步骤

步骤	图示	说明
1. 开动机床		机床上电，按下NC启动按钮，开动机床
2. 设置坐标系		在控制面板，设置为工件坐标系
3. 调节刀具位置	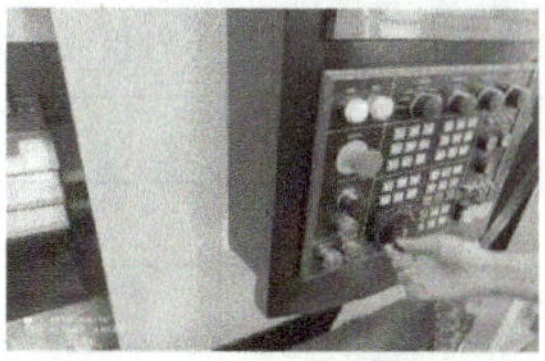	使用手轮调节车刀和工件外圆轻微接触
4. 退刀	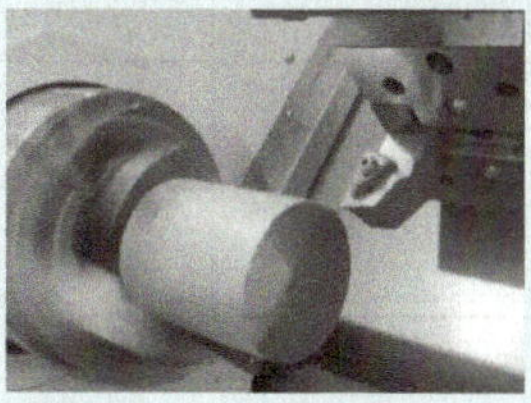	沿X轴向后退出刀具

（续）

步骤	图示	说明
5. 试切		按要求横向进给 a_p，试切 $1\sim2mm$
6. 测量数据	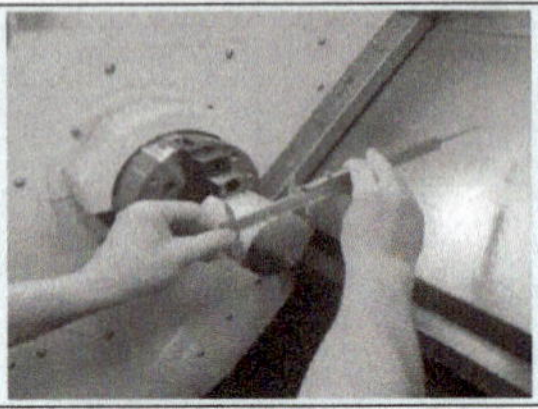	向后退车，按下急停按钮，进行数据测量
7. 记录位置点	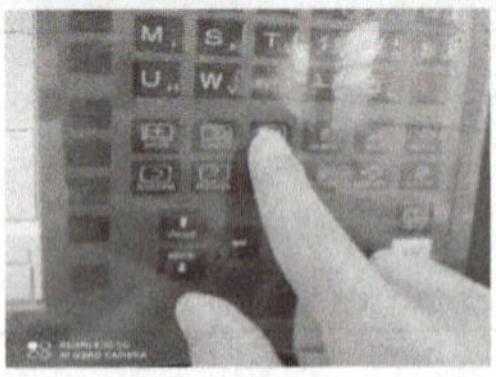	记录刀具当前位置点坐标值，输入操作面板，记录数据

4. 检查与考评

（1）检查

1）学生自查项目任务实施情况。

2）小组间互查，汇报技术方案的可行性。

3）教师进行点评，组织方案讨论，针对问题进行修改，确定最优方案。

4）整理相关资料，归档。

（2）考评

考核评价按表 1-11 中的项目和评分标准进行。

表 1-11 评分标准

序号	考核评价项目		考核内容	学生自检	小组互检	教师终检	配分	成绩
			任务 1.2　安装车刀、调整车床并对刀					
1	全过程考核	知识能力	相关知识点的学习				20	
			能正确安装普通车刀					
			能调整机床并准确对刀					
			掌握操作规范及文明生产					
			能正确安装先进车刀并对刀					
2		技术能力	信息搜集，自主学习，分析解决问题，归纳总结及创新能力				40	
3		素养能力	培养学生标准意识，热爱劳动，增强职业规范，掌握新技术				20	
4			任务单完成				10	
5			任务汇报				10	

1.2.3 知识链接

1. 车刀的安装

车刀安装

装卸车刀前先要锁紧方刀架。车刀安装在方刀架的左侧，用刀架上的至少两个螺栓压紧（操作时应逐个轮流旋紧螺栓），如图1-32所示。刀尖应与工件轴线等高，可用尾座顶尖校对，用垫刀片调整。刀杆中心线应与进给方向垂直。车刀在方刀架上伸出的长度以刀体厚度的1.5~2倍为宜（切断刀伸出更不宜太长），但对于新型车刀不同类型刀杆的最大悬伸推荐如下：

1）钢制刀杆（最大4倍直径）。

2）硬质合金刀杆（最大6倍直径）。

3）减振短刀杆（最大7倍直径）。

4）减振长刀杆（最大10倍直径）。

5）硬质合金增强型减振镗杆（最大14倍直径）。

车外圆或横车时，如果车刀安装后刀尖高于工件轴线，会使前角增大而后角减小；相反，如果刀尖低于工件轴线，则会使前角减小，后角增大。如果刀体轴线不垂直于工件轴线，将影响主偏角和副偏角，会使切断刀切出的断面不平，甚至使刀头折断，使螺纹车刀切出的螺纹产生牙型半角误差。所以，切断刀和螺纹车刀的刀头必须装得与工件轴线垂直，以使切断刀的两副偏角相等和螺纹刀切出的螺纹牙型对称。

车刀底面的垫片要平整，并尽可能用厚垫片，以减少垫片数量。调整好刀尖高低后，至少要用两个螺钉交替将车刀拧紧。

a) 伸出太长   b) 垫刀片不齐   c) 合适

图1-32　普通机床安装车刀

2. 车刀的工作角度

刀具标注角度，是在假定运动条件和假定安装条件的情况下给出的。如果考虑合成运动和实际安装情况，则刀具的参考平面将发生变化，因此，刀具的工作角度相对于标注角度发生了变化。

（1）工作参考系

1）工作基面 p_{re}。通过切削刃选定点垂直于合成切削速度方向的平面。

2）工作切削平面 p_{se}。通过切削刃选定点与切削刃相切，且垂直于工作基面的平面。

3）工作正交平面 p_{oe}。通过切削刃选定点垂直于工作基面与工作切削平面的平面。

刀具的工作角度有：κ_{re}、κ'_{re} 等。

（2）刀具安装对工作角度的影响

1）刀杆偏斜对工作角度的影响。如图 1-33 所示，当刀杆中心线与进给方向不垂直时，其工作主偏角 κ_{re}、工作副偏角 κ'_{re} 将发生变化：主偏角增大，副偏角减小。计算公式如下：

$$\kappa_{re} = \kappa_r + \theta \qquad (1\text{-}13)$$

$$\kappa'_{re} = \kappa'_r - \theta \qquad (1\text{-}14)$$

刀杆偏斜对主、副偏角的影响

2）切削刃安装高低对工作前、后角的影响。如图 1-34 所示，刀具正装刀尖高于工件中心车外圆时，工作切削平面 p_{se}、工作基面 p_{re} 发生改变。背平面内，车刀的工作前角增大，工作后角减小。如果刀尖低于工件中心，则上述工作角度的变化情况恰好相反。镗内孔时装刀高低对工作角度的影响是与车外圆时相反的。

刀尖高于工件中心对角度的影响

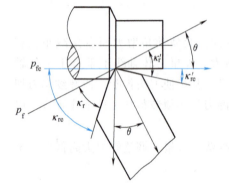

图 1-33　刀杆偏斜对工作角度的影响

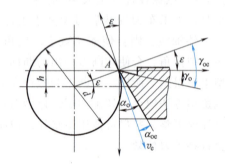

图 1-34　刀具装刀高低对工作角度的影响

刀尖低于工件中心对角度的影响

另外，当外圆车刀纵向进给时，工作前角和工作后角同样发生变化。在车削大导程的丝杠或多头螺纹时，螺纹车刀的工作左后角变小，工作右后角变大。在刃磨螺纹车刀时必须注意工作后角反向刃磨，即螺纹车刀的工作左后角磨大些，工作右后角磨小些。

3. 调整车床并对刀

（1）CA6140 型卧式车床

车床的组成及主要功用如图 1-35 所示。

① 主轴箱：主轴箱固定在床身的左上部，其功用是支承并传动主轴，使主轴带动工件按照规定的转速旋转，以实现主运动。

② 刀架部件：刀架部件装在床身的刀架导轨上。刀架部件可通过机动或手动使夹持在方刀架上的刀具做纵向、横向或斜向进给。

③ 进给箱：进给箱固定在床身的左前侧，进给箱内装有进给运动的变换机构，用于改变机动进给的进给量或改变被加工螺纹的导程。

④ 溜板箱：溜板箱固定在刀架的底部。溜板箱的功用是把进给箱传来的运动传递给刀架，使刀架实现纵向进给、横向进给、快速移动或车螺纹。

⑤ 尾座：尾座安装在床身右端的尾座导轨上，尾座的功用是用后顶尖支承长工件，还可以安装钻头等孔加工刀具以进行孔加工，尾座可沿床身导轨纵向调整位置并锁定在床身上

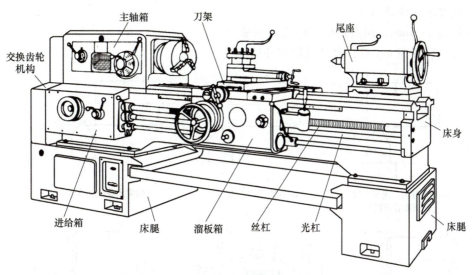

主轴箱　　刀架　　　　　　　　　　　尾座

交换齿轮
机构

床身

进给箱　　　床腿　　溜板箱　　丝杠　　光杠　　　　　床腿

图 1-35　CA6140 型卧式车床外形

的任何位置，以适应不同长度的工件加工。

⑥ 床身：床身通过螺栓固定在左右床腿上，它是车床的基本支承件，用以支承其他部件，并使他们保持准确的相对位置或运动轨迹。

（2）CA6140 车床的主要技术性能

① 床身上最大工件回转直径：400mm。

② 最大工件长度：750mm；1000mm；1500mm；2000mm。

③ 刀架上最大工件回转直径：210mm。

④ 主轴转速：正转 24 级：10～1400r/min；反转 12 级：14～1580r/min。

⑤ 进给量：纵向 64 级：0.028～6.33mm/r；横向 64 级：0.014～3.16mm/r。

⑥ 车削螺纹范围：米制螺纹 44 种：$P = 1～192$mm；寸制螺纹 21 种：$a = 2～24$ 牙/in；模数螺纹 39 种：$m = 0.25～48$mm；径节螺纹 37 种：$DP = 1～96$ 牙/in；主电动机功率：7.5kW。

（3）不同情况下调整车床并对刀

1）数控车床对刀。任务实施过程中，加工设备选用数控车床，机床刀库配有 8 个刀位，可同时安装 8 把刀，以 1 号刀对刀举例。

① 起动机床，设置坐标系。

② 调节刀具位置，使用手轮调节车刀和工件外圆轻微接触。

③ 退刀，沿 X 轴向后退出刀具。

④ 试切，按要求横向进给 a_p，试切 1～2mm。

⑤ 数据测量，按下急停按钮，向右退刀，使用量具进行 X 坐标数据测量。

⑥ 记录位置点，记录刀具当前位置点 X 的坐标值，输入操作面板，记录数据。

2）普通机床车外圆时试切法对刀如图 1-36 所示。

① 起动机床，使车刀和工件外圆表面轻微接触。

② 向右退出车刀。

③ 按要求横向进给 a_{p1}。

④ 试切 1~3mm，向右退出，停机，测量。

⑤ 调整切深至 a_{p2} 后，自动进给车外圆。

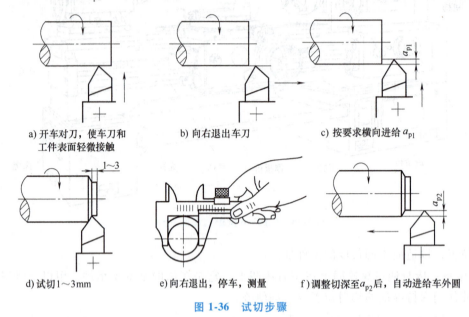

a) 开车对刀，使车刀和
工件表面轻微接触

b) 向右退出车刀

c) 按要求横向进给 a_{p1}

d) 试切1~3mm

e) 向右退出，停车，测量

f) 调整切深至 a_{p2} 后，自动进给车外圆

图 1-36　试切步骤

3）普通机床车端面时试切法对刀。

① 起动机床，使车刀和工件端面轻微接触。

② 向后退出车刀。

③ 再纵向进给 0.5mm。

④ 手摇中拖板手轮，使刀尖过工件中心，观察表面是否光滑，若有残留小圆柱面，说明刀尖与工件中心不等高，刀具安装有误，重新调整刀具，再次试切，直到切出光滑表面为止。

4. 操作规程规范、文明生产

（1）车削安全操作规程

1）穿戴紧身的工作服和合适的工作皮鞋，不戴手套操作，长头发要压入帽内。

2）选用高度合适的工作踏板和防屑挡板。

3）两人共用一台车床时，只能一人操作（采取轮换方式），并且注意他人安全。

4）卡盘扳手使用完毕后，必须及时取下，否则不能起动车床。

5）机床运转前，各手柄必须推到正确的位置上，然后低速运转 3~5min，确认正常后，才正式开始工作。

6）机床运转时，头部不要离工件太近，手和身体不能靠近正在旋转的工件。

7）机床运转时，不能用量具去测量工件尺寸，勿用手触摸工件的表面。

8）高速切削时，要戴上工作帽和防护眼镜，以防切屑伤害。

9）摇动手柄时，动作要均匀，同时要注意掌握好进刀与退刀的方向，切勿搞错。

10）使用锉刀锉削工件时，应采用左手握柄，右手握头的姿势。

11）使用砂布打磨工件时，最好采用打磨夹子。

（2）车削文明生产

1）合理使用设备。

① 开机前，应检查车床各部分机构是否完好，有无防护设备，各操作手柄是否放在空档位置，变速齿轮的手柄位置是否正确，以防开机时因突然撞击而损坏车床。起动后，应使主轴低速空转 1~2min，使润滑油散布到各处（冬天更为重要），等车床运转正常后才能工作。

② 工作中主轴需要变速时，必须先停机；变换溜板箱手柄位置要在低速时进行。使用电器开关的车床不准利用正、反操作紧急停机，以免打坏齿轮。

③ 为了保持丝杠的精度，除车螺纹外，不得使用丝杠进行自动进刀。

④ 不允许在卡盘上、床身导轨上敲击或校直工件；床面上不准放工具或工件。

⑤ 装夹较重的工件时，应该用木板保护床面，下班时如工件不卸下，应用千斤顶支承。

⑥ 车刀磨损后，要及时刃磨，用钝刃车刀继续切削，会增加车床负荷，甚至损坏机床。

⑦ 车削铸铁、气割下料的工件，导轨上的润滑油要擦去，工件上的型砂杂质应去除，以免损坏床面导轨。

⑧ 使用切削液时，要在车床导轨上涂上润滑油。冷却泵中的切削液应定期更换。

⑨ 下班前，应清除车床上及车床周围的切屑及切削液，擦净后按规定在加油部位加上润滑油。

⑩ 下班后将大拖板摇至车床尾端，各转动手柄放在空档位置，关闭电源。

2）正确布置工具的工作位置。

① 工作时所用的工具、夹具、量具以及工件，应尽可能靠近和集中在操作者的周围。物件放置应有固定的位置，使用后要放回原处。

② 工具箱的布置应分类，并保持清洁、整齐。要求小心使用的物件要放置稳妥。

③ 工作地周围应经常保持清洁整齐。

3）正确使用工具，爱护量具。

① 应根据工件自身用途正确使用工具，不能随意替代。

② 爱护量具，经常保持清洁，用后擦净。不用时应放入盒内及时归还。

1.2.4 新技术新工艺

先进的对刀方法

英国雷尼绍公司的对刀仪在数控车床上的应用有三种，插拔手臂式（HPRA）、下拉手臂式（HPPA）、全自动对刀臂式（HPMA）。对刀仪可以快速、高效、精确地在 $\pm X$、$\pm Z$ 及 Y 5 个轴方向上，对加工过程中的刀具磨损或破损自动监测、报警和补偿；对机床丝杠热变形引起的刀偏值变动量进行补偿。

在工件的加工过程中，工件装卸、刀具调整等辅助时间占加工周期中相当大的比例，其中刀具的调整既费时费力，又不易准确，最后还需要试切。统计资料表明，一个工件的加工，纯机动时间大约只占总时间的 55%，装夹和对刀等辅助时间占 45%。因此，对刀仪便显示出极大的优越性。

1. 对刀仪种类

（1）插拔手臂式（High Precision Removable Arm，HPRA）　HPRA 的特点是对刀臂和基座可分离。使用时通过插拔机构把对刀臂安装至对刀仪基座上（图 1-37），同时电器信号也连通并进入可工作状态；用完后可将对刀臂从基座中拔出，放到合适的地方以保护精密的对刀臂和测头不受灰尘、碰撞的损坏。适合小型数控车床用。

（2）下拉手臂式（High Precision Pulldown Arm，HPPA）　HPPA 的特点是对刀臂和基座旋转连接，是一体化的。使用时将对刀臂从保护套中摆动拉出（图 1-38），不用时把对刀臂再收回保护套中，不必担心其在加工中受到损坏。不必频繁地插拔刀臂，避免了频繁插拔引起的磕碰。

图 1-37　插拔手臂式对刀仪

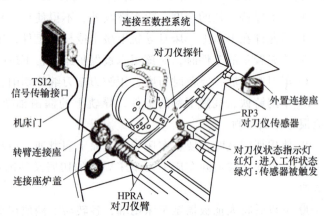

连接至数控系统

对刀仪探针

TSI2 信号传输接口

机床门

转臂连接座

连接座炉盖

外置连接座

RP3 对刀仪传感器

对刀仪状态指示灯
红灯：进入工作状态
绿灯：传感器被触发

HPRA 对刀仪臂

图 1-38　下拉手臂式对刀仪

（3）全自动对刀臂式（High Precision Motorised Arm，HPMA）　HPMA 的特点是，对刀臂和基座通过力矩电动机实现刀臂的摆出和摆回，与 HPPA 的区别是加了力矩电动机（图 1-39），提高了自动化程度。更重要的是可把刀臂的摆出、摆回通过 M 代码编到加工程序中，在加工循环过程中，即可方便地实现刀具磨损值的自动测量、补偿和刀具破损的监测，再配合自动上下料机构，可实现无人化加工。

2. 对刀仪的工作原理

对刀仪的核心部件由一个高精度的开关（测头），一个高硬度、高耐磨的硬质合金四面体（对刀探针）和一个信号传输接口器组成（其他件略）。四面体探针是用于与刀具接触，并通过安装在其下的挠性支承杆，把力传至高精度开关；开关所发出的通、断信号通过信号传输接口器传输到数控系统中进行刀具方向识别、运算、补偿、存取等。根据数控机床的工作原理可知，当机床返回各自运动轴的机械参考

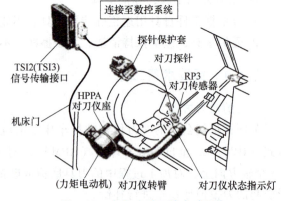

连接至数控系统

探针保护套

对刀探针

TSI2(TSI3) 信号传输接口

HPPA 对刀仪座

机床门

RP3 对刀传感器

（力矩电动机）对刀仪转臂

对刀仪状态指示灯

图 1-39　全自动对刀臂式对刀仪

点后，建立起来的是机床坐标系。该参考点一旦建立，相对机床零点而言，在机床坐标系各轴上的各个运动方向就有了数值上的实际意义。对于安装了对刀仪的机床，对刀仪传感器距

机床坐标系零点的各方向实际坐标值是一个固定值，需要通过参数设定的方法来精确确定，才能满足使用要求（图1-40），否则数控系统将无法在机床坐标系和对刀仪固定坐标之间进行相互位置的数据换算。

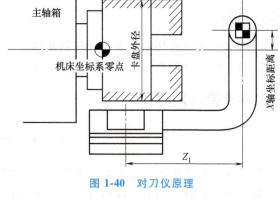

图1-40　对刀仪原理

当机床建立了机床坐标系和对刀仪固定坐标后（不同规格的对刀仪应设置不同的固定坐标值），对刀仪的工作原理如下：

1）机床各直线运动轴返回各自的机械参考点之后，机床坐标系和对刀仪固定坐标之间的相对位置关系就建立起了具体的数值。

2）不论是使用自动编程控制，还是手动控制方式操作对刀仪，当移动刀具沿所选定的某个轴，使刀尖（或动力回转刀具的外径）靠向且触动对刀仪上四面探针的对应平面，并通过挠性支承杆摆动触发了高精度开关传感器后，开关会立即通知系统锁定该进给轴的运动。因为数控系统是把这一信号作为高级信号来处理，所以动作的控制会极为迅速、准确。

3）由于数控机床直线进给轴上均装有进行位置环反馈的脉冲编码器，数控系统中也有记忆该进给轴实际位置的计数器。此时，系统只要读出该轴停止的准确位置，通过机床、对刀仪两者之间相对关系的自动换算，即可确定该轴刀具的刀尖（或直径）的初始刀具偏置值了。换一个角度说，如把它放到机床坐标系中来衡量，即相当于确定了机床参考点距机床坐标系零点的距离与该刀具测量点距机床坐标系零点的距离及两者之间的实际偏差值。

4）不论是工件切削后产生的刀具磨损，还是丝杠热伸长后出现的刀尖变动量，只要再进行一次对刀操作，数控系统就会自动把测得的新的刀具偏置值与其初始刀具偏置值进行比较计算，并将需要进行补偿的误差值自动补入刀补存储区中。当然，如果换了新的刀具，再对其重新进行对刀，所获得的偏置值就应该是该刀具新的初始刀具偏置值了。

任务1.3　确定车削的切削用量

1.3.1　任务描述

为转轴加工第二道工序选择合理的切削用量。

【知识目标】

1. 能掌握切削用量的选择方法。
2. 能掌握切削变形的规律。

【能力目标】

1. 能正确选用切削用量。
2. 能熟练车削转轴并检验。

3. 能分析切削过程中的切削规律，处理加工中的实际问题。

【素养目标】

1. 培养学生具有法治意识，开拓创新精神。
2. 树立学生民族自信心，具有爱国精神。

【素养提升园地】

千锤百炼，时代坐标

焊接技术千变万化，为火箭发动机焊接，就更不是一般人能胜任的了，高凤林就是一个为火箭焊接"心脏"的人。高凤林，中国航天科技集团公司第一研究院国营 211 厂发动机零部件焊接车间班组长，特级技师。几十年来，高凤林先后参与北斗导航、嫦娥探月、载人航天等国家重点工程以及长征五号新一代运载火箭的研制工作，一次次攻克发动机喷管焊接技术世界级难关，出色完成亚洲最大的全箭振动试验塔的焊接攻关和修复苏制图-154 飞机发动机的工作，还被丁肇中教授亲点，成功解决反物质探测器项目难题。高凤林先后荣获国家科技进步二等奖、全军科技进步二等奖等 20 多个奖项。

绝活不是凭空得，功夫还得练出来。高凤林吃饭时拿筷子练送丝，喝水时端着盛满水的缸子练稳定性，休息时举着铁块练耐力，冒着高温观察铁液的流动规律；为了保障一次大型科学实验，他的双手至今还留有被严重烫伤的疤痕；为了攻克国家某重点攻关项目，近半年的时间，他天天趴在冰冷的产品上，关节都麻木了、青紫了，他甚至被戏称为"和产品结婚的人"。2015 年，高凤林获得全国劳动模范称号。高凤林以卓尔不群的技艺和劳模特有的人格魅力、优良品质，成为新时代高技能工人的时代坐标。

1.3.2 任务实施

1. 选择切削用量（切削速度 v_c、进给量 f 和背吃刀量 a_p）

切削用量包括切削速度 v_c、进给量 f 和背吃刀量 a_p。由于切削速度对刀具寿命影响最大，其次为进给量，影响最小的是背吃刀量，因此选择切削用量步骤是：先定 a_p，再选 f，最后确定 v_c。必要时校验机床功率是否允许。

现以粗车 $\phi 41^{-0.025}_{-0.050}$ mm 外圆面（采用 YT5 硬质合金车刀）为例说明切削用量选择过程。具体选择过程见 1.3.4 节新技术新工艺"切削用量选择"。选择结果见表 1-12。

表 1-12 选择切削用量

加工表面	加工方法	切削用量		
		a_p/mm	f/(mm/r)	v_c/(m/min)
$\phi 41^{-0.025}_{-0.050}$ mm 外圆面	粗加工	2.5	0.3	250

2. 检查与考评

（1）检查

1）学生自查项目任务实施情况。
2）小组间互查，汇报技术方案的可行性。

3）教师进行点评，组织方案讨论，针对问题进行修改，确定最优方案。

4）整理相关资料，归档。

（2）考评

考核评价按表 1-13 中的项目和评分标准进行。

表 1-13 评分标准

序号	考核评价项目		考核内容	学生自检	小组互检	教师终检	配分	成绩
1	全过程考核	知识能力	能掌握切削用量的定义				20	
			能选择切削用量					
			能根据切削变形规律来解决实际生产中的问题					
2		技术能力	能正确选用切削用量 能熟练车削轴零件并检验 能分析切削过程中的切削规律，处理加工中的实际问题				40	
3		素养能力	具有法治意识，开拓创新精神民族自信心，爱国精神				20	
4			任务单完成				10	
5			任务汇报				10	

1.3.3 知识链接

1.3.3.1 切削过程中的切削规律

1. 切削变形

金属切削过程是指在刀具和切削力的作用下形成切屑的过程，在这一过程中会出现许多物理现象，如切削力、切削热、积屑瘤、刀具磨损和加工硬化等。因此，研究切削过程对切削加工的发展和进步，保证加工质量，降低生产成本，提高生产率等，都有着重要意义。

（1）切屑的形成过程 切屑是被切材料受到刀具前刀面的推挤，沿着某一斜面剪切滑移形成的，如图 1-41 所示。图中未变形的切削层 $AGHD$ 可看成是由许多个平行四边形组成的，如 $ABCD$、$BEFC$、$EGHF$ 等。当这些平行四边形受到前刀面的推挤时，便沿着 BC 方向向斜上方滑移，形成另一些平行四边形，由此可以看出，切削层不是由刀具切削刃削下来或劈开的，而是靠前刀面的推挤、滑移而形成的。

（2）切削过程变形区的划分 切削过程的实际情况要比前述的情况复杂得多。这是因为切削层金属受到刀具前刀面推挤产生剪切滑移变形后，还要继续沿着前刀面流出变成切屑。在这个过程中，切削层金属要产生一系列变形，通常将其划分为三个变形区，如图 1-42 所示。图中Ⅰ为第一变形区。主要是剪切滑移变形，即当工件受到刀具的挤压、摩擦后，切削层金属在始滑移面 OA 以左发生弹性变形，在 OA 面上，应力达到材料的屈服点，则发生塑性变形，产生滑移现象，在终滑移面 OM 上，应力和变形达到最大值。越过 OM 面，切削层金属将脱离工件基体，沿着前刀面流出而形成切屑。图中Ⅱ为第二变形区。切屑底层

（与前刀面接触层）在沿前刀面产生挤压摩擦变形，使靠近前刀面处的金属纤维化，形成第二变形区域。图中Ⅲ为第三变形区。此变形区位于后刀面与已加工表面之间，切削刃钝圆部分及后刀面对已加工表面进行挤压，使已加工表面产生变形，造成纤维化和加工硬化。

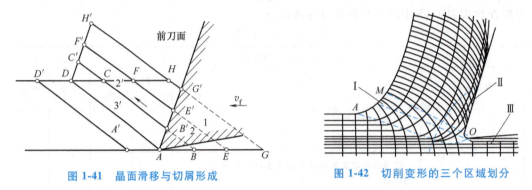

图 1-41　晶面滑移与切屑形成　　　　　图 1-42　切削变形的三个区域划分

（3）切屑的类型（第Ⅰ变形区）　根据不同的工件材料和切削过程中的不同变形程度，切屑分为 4 种类型，如图 1-43 所示。

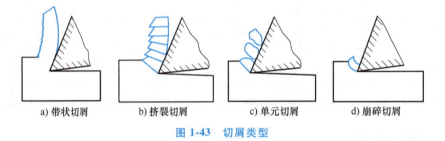

a) 带状切屑　　　b) 挤裂切屑　　　c) 单元切屑　　　d) 崩碎切屑

图 1-43　切屑类型

1）带状切屑（图 1-43a）。这是最常见的一种切屑。它的内表面光滑，外表面是毛茸状的。在加工塑性金属材料时，一般常得到这类切屑。它的切削过程平稳、切削力波动较小、已加工表面粗糙度值相对较小。

2）挤裂切屑（图 1-43b）。这类切屑与带状切屑不同之处在于外表面呈锯齿形，内表面有时有裂纹。这种切屑大多在切削速度较低、切削厚度较大、刀具前角较小的塑性材料时产生。

3）单元切屑（图 1-43c）。如果在挤裂切屑的剪切面上，裂纹扩展到整个面上，则整个单元被切离，称为单元切屑。

4）崩碎切屑（图 1-43d）。在切削脆性材料时，易产生崩碎切屑。它的切削过程很不平稳，容易破坏刀具，也有损于机床，已加工表面又粗糙，因此在生产中应尽量避免。

带状、挤裂、单元切屑是在切削塑性材料时产生的不同屑形；崩碎切屑是在切削脆性材料时产生的屑形。生产中可改变加工条件，使得屑形向有利的方面转化。例如切削塑性金属，随着切削速度提高、进给量减小和前角增大，可由挤裂切屑或单元切屑转化为带状切屑。切削铸铁时，采用大前角、高速切削也可形成长度较短的带状切屑。

（4）积屑瘤（第Ⅱ变形区）

1）积屑瘤。在中速切削塑性金属时，切屑很容易在前刀面近切削刃处形成一个三角形的硬楔块，这个楔块被称为积屑瘤。在生产中对钢、铝合金和铜等塑性金属进行中速车、钻、铰、拉削和螺纹加工时，常会出现积屑瘤，如图 1-44 所示。

2）积屑瘤对切削过程的影响。积屑瘤的硬度很高，可达工件材料硬度的 2~3 倍。它能够代替切削刃进行切削，对切削刃有一定的保护作用；它能增大实际前角，减小切削变形；由它堆积成的钝圆弧刃口造成挤压和过切现象，使加工精度降低；积屑瘤脱落后黏附在已加工表面上恶化表面质量。所以精加工时应避免积屑瘤产生。

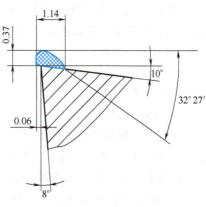

图 1-44　积屑瘤

3）消除积屑瘤的措施。切削实验和生产实践表明，在中温情况下，例如切削中碳钢，温度在 300~380℃ 时积屑瘤的高度最大，温度超过 500~600℃ 时积屑瘤消失。根据这一特性，生产中常采取以下措施来抑制或消除积屑瘤。

① 采用低速或高速切削，避开易产生积屑瘤的切削速度区域。如图 1-45a 所示，切削 45 钢时，在 $v_c<3m/min$ 的低速和 $v_c\geq60m/min$ 的高速范围内，摩擦系数较小，不易形成积屑瘤。

② 减小进给量 f，增大刀具前角 γ_o，提高刀具刃磨质量，合理选用切削液，以使摩擦和黏结减小，从而达到抑制积屑瘤的作用，如图 1-45b 所示。

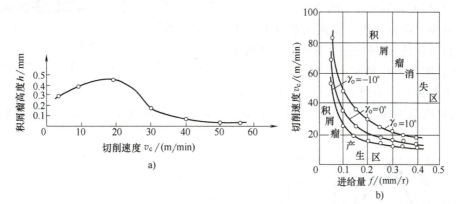

图 1-45　切削参数对积屑瘤的影响

③ 合理调节各切削参数间的关系，以防止形成中温区。

（5）加工硬化（第Ⅲ变形区）　加工硬化是第Ⅲ变形区内产生的物理现象，如图 1-46 所示。刀具的刃口实际上无法磨得绝对锋利，当在钝圆弧刃和其邻近后刀面切削、挤压、摩擦作用下，使已加工表面层的金属晶格产生扭曲、挤紧和碎裂，造成已加工表面的硬度增高，这种现象称为加工硬化，又称冷作硬化。

硬化程度严重的材料使得切削变得困难。加工硬化还使得已加工表面出现显微裂纹和残余应

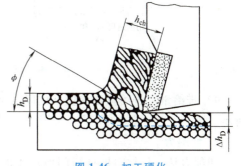

图 1-46　加工硬化

力等，从而降低了加工表面的质量和材料的疲劳强度。例如不锈钢、高锰钢以及钛合金等由于切削后硬化严重，故影响刀具的使用寿命。因此，在切削加工中应尽量设法减轻或避免已加工表面的加工硬化。

生产中常采用以下措施来减轻硬化程度：

1）磨出锋利的切削刃。若在刃磨时切削刃钝圆半径由 0.5mm 减少到 0.005mm，则可使硬化程度降低 40%。

2）增大前角和后角。前角增大，减小切削力和切削变形；后角增大，防止后刀面与加工表面摩擦。将前角、后角适当加大也可减小切削刃钝圆半径。

3）减小背吃刀量。适当减少切入深度，可使切削力减小，硬化程度减轻，例如背吃刀量由 1.2mm 减小到 0.1mm，可使硬化程度降低 17%。

4）合理选用切削液。浇注切削液能减小刀具后刀面与已加工表面的摩擦，从而减轻硬化程度。

（6）影响切屑变形的主要因素 影响切屑变形的主要因素有：工件材料、刀具前角、切削速度和进给量。

1）工件材料。工件材料的塑性越大，强度、硬度越低，屈服极限越低，越容易变形，切屑变形就越大；反之，切削强度、硬度高的材料，不易产生变形，若需达到一定变形量，应施较大作用力和消耗较多的功率。

2）前角。前角越大，切削刃越锋利，刀具前刀面对切削层的挤压作用越小，则切屑变形就越小，如图 1-47 所示。

3）切削速度。如图 1-48 所示。在有积屑

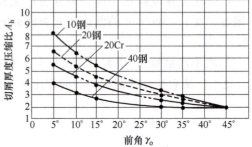

图 1-47 刀具前角对切屑变形的影响

瘤生成的速度范围内（$v_c \leqslant 40\text{m/min}$），主要是通过积屑瘤形成实际前角的变化来影响切屑变形。

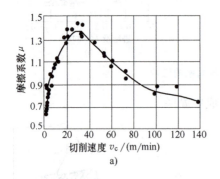

a)

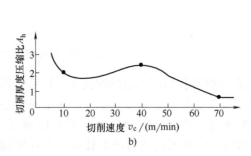

b)

图 1-48 切削速度对切削变形的影响

4）进给量。进给量增加使切削厚度增加，摩擦系数减小，故变形系数变小，如图 1-49 所示。

2. 切削力

切削力是工件材料抵抗切削所产生的力。分析和计算切削力是进行机床刀具、夹具设

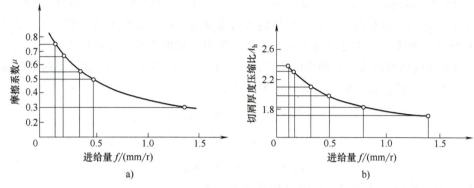

图 1-49 进给量对切削变形的影响

计，确定合理的切削用量，优化刀具几何参数的重要依据。在自动化生产和精密加工中，也常利用切削力来检测和监控刀具的切削过程，如刀具折断、磨损、破损等。

（1）切削力的来源 由前面对切削变形的分析可知，切削力来源于三个方面：

1) 克服被加工材料弹性变形的抗力。

2) 克服被加工材料塑性变形的抗力。

3) 克服切屑对前刀面的摩擦力和刀具后刀面对过渡表面与已加工表面之间的摩擦力。

上述各力的总和形成作用在刀具上的合力 F。为了实际应用，F 可分解为相互垂直的三个分力，如图 1-50 所示。

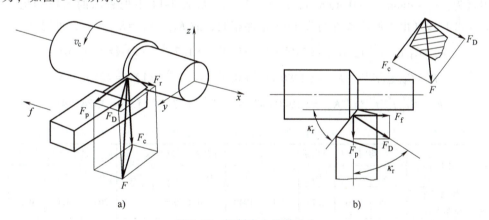

图 1-50 切削合力及其分力

主切削力 F_c——在主运动方向上的分力，它是计算车刀强度，设计机床零件，确定机床功率所必需的。

进给力 F_f——在进给运动方向上的分力，它用来设计进给机构，计算车刀进给功率。

背向力 F_p——在垂直于假定工作平面上分力，它用来计算机床零件和车刀强度。

F_f 与 F_p 也是推力 F_D 的分力，推力是在基面上且垂直于主切削刃的合力。合力 F、推力 F_D 与各分力之间的关系：

$$F = \sqrt{F_D^2 + F_c^2} = \sqrt{F_c^2 + F_f^2 + F_p^2} \qquad (1-15)$$

$$F_p = F_D \cos\kappa_r ; \qquad F_f = F_D \sin\kappa_r \qquad (1-16)$$

上式表明，主偏角 κ_r 大小影响各分力间比例。

（2）切削力的经验公式和切削力估算 目前，人们已经积累了大量的切削力实验数据，对于一般加工方法，如车削、孔加工和铣削等已建立起了可直接利用的经验公式。常用的经验公式约可分为两类：一类是指数公式；一类是按单位切削力进行计算的公式。

1）切削力的指数公式。切削力的指数公式是将测力后得到的实验数据通过数学整理或计算机处理后建立的。常用的指数公式的形式为：

$$F_c = C_{Fc} a_p^{x_{Fc}} f^{y_{Fc}} v_c^{n_{Fc}} K_{Fc} \tag{1-17}$$

$$F_f = C_{Ff} a_p^{x_{Ff}} f^{y_{Ff}} v_c^{n_{Ff}} K_{Ff} \tag{1-18}$$

$$F_p = C_{Fp} a_p^{x_{Fp}} f^{y_{Fp}} v_c^{n_{Fp}} K_{Fp} \tag{1-19}$$

式中　F_c、F_f、F_p——切削力、进给力和背向力（N）；

　　　C_{Fc}、C_{Ff}、C_{Fp}——公式中系数，根据加工条件由实验确定；

　　　x_F、y_F、n_F——表示各因素对切削力的影响指数；

　　　K_{Fc}、K_{Ff}、K_{Fp}——修正系数；

　　　a_p——背吃刀量（mm）；

　　　f——进给量（mm/r）；

　　　v_c——切削速度（m/s）。

现在，就可以容易地估算某种具体加工条件下的切削力和切削功率了。例如用 YT15 硬质合金车刀外圆纵车 $R_m = 0.65\text{GPa}$ 的结构钢，车刀几何参数为：$\kappa_r = 45°$，$\gamma_o = 10°$，$\lambda_s = 0°$，切削用量为：$a_p = 4\text{mm}$，$f = 0.4\text{mm/r}$，$v_c = 1.7\text{m/s}$。从表 1-14 中把查出的系数和指数代入式 1-17～式 1-19（由于所给条件与表 1-14 条件相同，故 $K_{Fc} = K_{Ff} = K_{Fp} = 1$），可得到

$$F_c = C_{Fc} a_p^{x_{Fc}} f^{y_{Fc}} v_c^{n_{Fc}} K_{Fc} = (2795 \times 4^{1.0} \times 0.4^{0.75} \times 1.7^{-0.15} \times 1)\text{N} = 5193.01\text{N}$$

$$F_f = C_{Ff} a_p^{x_{Ff}} f^{y_{Ff}} v_c^{n_{Ff}} K_{Ff} = (2080 \times 4^{1.0} \times 0.4^{0.5} \times 1.7^{-0.4} \times 1)\text{N} = 4255.73\text{N}$$

$$F_p = C_{Fp} a_p^{x_{Fp}} f^{y_{Fp}} v_c^{n_{Fp}} K_{Fp} = (1940 \times 4^{0.9} \times 0.4^{0.6} \times 1.7^{-0.3} \times 1)\text{N} = 3324.74\text{N}$$

表 1-14　硬质合金车刀外圆纵车、横车镗孔时，公式中系数 C_F、指数 x_F、y_F、n_F 和单位切削力 k_c 的值

加工材料	加工方式	切削力 F_c 对应系数				背向力 F_p 对应系数				进给力 F_f 对应系数			
		C_{Fc}	x_{Fc}	y_{Fc}	n_{Fc}	C_{Fp}	x_{Fp}	y_{Fp}	n_{Fp}	C_{Ff}	x_{Ff}	y_{Ff}	n_{Ff}
结构钢 $R_m =$ 650MPa	外圆纵车、横车及镗孔	2795	1.0	0.75	−0.15	1940	0.90	0.6	−0.3	2080	1.0	0.5	−0.4
	外圆纵车（$\kappa_r' = 0°$）	3570	0.9	0.9	−0.15	2845	0.60	0.3	−0.3	2050	1.05	0.2	−0.4
	切槽及切断	360	0.7	0.8	0	139	0.73	0.67	0				
不锈钢 1Cr18Ni9Ti 硬度 141HBW	外圆纵车、横车及镗孔	2000	1.0	0.75	0								
灰铸铁 硬度 190HBW	外圆纵车、横车及镗孔	900	1.0	0.75	0	530	0.9	0.75	0	450	1.0	0.4	0
	外圆纵车（$\kappa_r' = 0°$）	1205	1.0	0.85	0	600	0.6	0.5	0	235	1.05	0.2	0

（续）

加工材料	加工方式	切削力 F_c 对应系数				背向力 F_P 对应系数				进给力 F_f 对应系数			
		C_{Fc}	x_{Fc}	y_{Fc}	n_{Fc}	C_{Fp}	x_{Fp}	y_{Fp}	n_{Fp}	C_{Ff}	x_{Ff}	y_{Ff}	n_{Ff}
可锻铸铁硬度 150HBW	外圆纵车 ($\kappa_r' = 0°$)	795	1.0	0.75	0	420	0.9	0.75	0	375	1.0	0.4	0

加工材料	加工方式	单位切削力 k_c（单位为 N/mm^2）												
		f												
		0.1	0.15	0.2	0.26	0.3	0.36	0.41	0.48	0.56	0.66	0.71	0.81	0.96
结构钢 $R_m = 650\text{MPa}$	外圆纵车、横车及镗孔	4991	4508	4171	3937	3777	3630	3494	3367	3213	3106	3038	2942	2823
	外圆纵车（$\kappa_r' = 0$）	4518	4301	4200	4103	4011	3967	3923	3839	3798	3719	3680	3642	3607
	切槽及切断	5714	5294	5000	4737	4557	4390	4286	4186	4045	3913	3171	3750	3636
不锈钢 06Cr18Ni10Ti 硬度 141HBW	外圆纵车、横车及镗孔	3571	3226	2898	2817	2701	2597	2509	2410	2299	2222	2174	2105	2020
灰铸铁 硬度 190HBW	外圆纵车、横车及镗孔	1607	1451	1304	1267	1216	1169	1125	1084	1034	1000	978	947	909
	外圆纵车（$\kappa_r' = 0$）	1697	1607	1525	1470	1452	1401	1385	1339	1310	1282	1268	1242	1217
可锻铸铁硬度 150HBW	外圆纵车（$\kappa_r' = 0$）	1419	1282	1152	1120	1074	1132	994	958	914	883	864	836	803

2）单位切削力

$$k_c = \frac{F_c}{A_D} = \frac{C_{Fc} a_p^{x_{Fc}} f^{y_{Fc}}}{a_p f} = \frac{C_{Fc}}{a_p^{1-x_{Fc}} f^{1-y_{Fc}}} \qquad (1\text{-}20)$$

式中　k_c——单位切削力（N/mm^2）；

　　　A_D——切削层面积（mm^2）；

　　　a_p——背吃刀量（mm）；

　　　f——进给量（mm/r）。

3）切削功率。在切削过程中主运动消耗的功率约占95%，因此，常用它核算加工成本、计算能量消耗和选择机床主电动机功率。

主运动消耗的功率 P_c（单位为 kW）应为：

$$P_c = F_c v_c / 60 \times 10^{-3} \qquad (1\text{-}21)$$

式中　F_c——切削力（N）；

　　　v_c——切削速度（m/min）。

若切削速度 v_c 的单位为 m/s，则切削功率 P_c 为：$P_c = F_c v_c \times 10^{-3}$。

上例中主运动消耗的功率 $P_c = F_c v_c \times 10^{-3} = 5193.01 \times 1.7 \times 10^{-3} \approx 8.8\text{kW}$。

（3）影响切削力的主要因素

1）工件材料的影响。工件材料的硬度和强度越高、变形抗力越大，切削力就越大；当材料的强度相同时，塑性和韧性大的材料，加工时切削力大。钢的强度与塑性变形大于铸铁，因此同样情况下切削钢时产生的切削力大于切削铸铁时产生的切削力。

2）切削用量的影响。进给量 f、背吃刀量 a_p 增大时，切削力也随之增大。但二者的影响程度不同，a_p 与 F_c 成正比，即 a_p 增大 1 倍，F_c 也增大 1 倍；而 f 与 F_c 不成正比，f 增大 1 倍时 F_c 增大 70%~80%。由此可知，a_p 对切削力的影响显著，f 次之。切削速度 v_c 对切削力的影响如图 1-51 所示。

3）刀具几何参数的影响。前角 γ_o 对切削力影响较大。如图 1-52 所示，当 γ_o 增大时，排屑阻力减小，切削变形减小，使切削力减小。主偏角 κ_r 对进给力 F_f、背向力 F_p 影响较大，如图 1-53 所示，当 κ_r 增大时，F_f 增大，而 F_p 则减小。刃倾角 λ_s 对背向力 F_p 有显著的影响，即刃倾角负值（$-\lambda_s$）增大，作用于工件的背向力 F_p 增大。

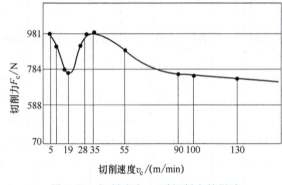

图 1-51 切削速度 v_c 对切削力的影响

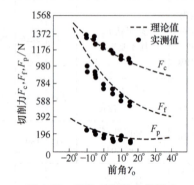

图 1-52 前角对切削力的影响

3. 切削温度

（1）切削热的来源与传导 被切削的金属在刀具的作用下，发生弹性和塑性变形而耗功，这是切削热的一个重要来源。此外，切屑与前刀面、工件与后刀面之间的摩擦也要耗功，也产生出大量的热量。因此，切削时共有三个发热区域，即剪切面、切屑与前刀面接触区、后刀面与过渡表面接触区。

切削热 Q 由切屑、刀具、工件及周围介质传散。例如车削加工时，$Q_屑$ 占 50%~

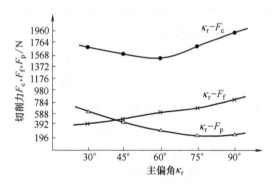

图 1-53 主偏角 κ_r 对切削力的影响

86%、$Q_刀$ 占 10%~40%、$Q_工$ 占 9%~3%、$Q_介$ 占 1%。切削速度越高或切削厚度越大，则切屑带走的热量越多。

（2）切削温度的分布 如图 1-54 所示，切屑带走热量最多，它的平均温度高于刀具和工件上的平均温度，因此切屑塑性变形严重。切削区域的最高温度是在前刀面距离切削刃大约 1mm 处。

（3）切削温度的测量 尽管切削热是切削温度升高的根源，但直接影响切削过程的却是切削温度。切削温度一般指前刀面与切屑接触区域的平均温度。

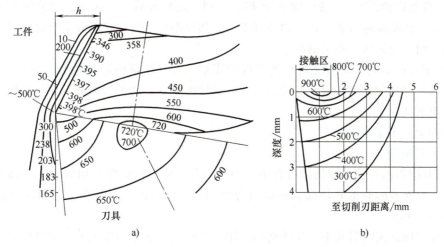

图 1-54 切削温度的分布

切削温度的测量方法很多，大致可分为热电偶法、辐射温度计法以及其他测量方法。目前应用较广的是自然热电偶法和人工热电偶法。

（4）影响切削温度的主要因素 根据理论分析和大量的实验研究知，切削温度主要受切削用量、刀具几何参数、工件材料、刀具磨损和切削液的影响。

1）切削用量的影响。切削用量 a_p、f、v_c 对切削温度影响的基本规律是：切削用量增加均使切削温度提高，但其中切削速度 v_c 影响最大，其次是进给量 f，影响最小的是背吃刀量 a_p。例如切削速度增加一倍时，切削温度增高 30%~45%；进给量增加一倍时，切削温度增高 15%~20%；背吃刀量增加一倍时，切削温度只增高 5%~8%。

2）工件材料影响。工件材料的强度和硬度越高，消耗的切削功也就越多，切削温度越高；工件材料的热导率越低，切削区的热量传出越少，切削温度就越高。脆性材料的强度一般都较低，切削时塑性变形很小，切屑呈崩碎或脆性带状，与前刀面摩擦也小，切削温度一般比塑性材料低。

3）刀具角度的影响。如图 1-55 所示，前角和主偏角对切削温度影响较大。前角加大，变形和摩擦减小，因而切削热少。但前角不能过大，否则刀头部分散热体积减小，不利于切削温度的降低。主偏角减小将使切削刃工作长度增加，散热条件改善，因而使切削温度降低。

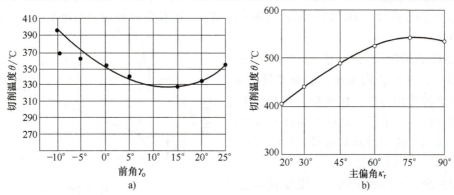

图 1-55 角度对切削温度影响

4）刀具磨损的影响。在后刀面的磨损值达到一定数值后，对切削温度的影响增大，切削速度越高，影响就越显著。合金钢的强度大，热导率小，所以切削合金钢时刀具磨损对切削温度的影响，就比切削碳素钢时大。

5）切削液的影响。切削液对切削温度的影响，与切削液的导热性能、比热容、流量、浇注方式以及本身的温度有很大的关系。从导热性能来看，油类切削液不如乳化液，乳化液不如水基切削液。

4. 刀具磨损与刀具寿命

（1）刀具磨损

1）刀具磨损的形式。在切削过程中，刀具的前、后刀面始终与切屑、工件接触，在接触区内发生着强烈的摩擦并伴随着很高的温度和压力，因此刀具的前、后刀面都会产生磨损，如图 1-56 所示。

刀具前刀面磨损的形式是月牙洼磨损。用较高的切削速度和较大的切削厚度切削塑性金属时，前刀面上磨出一道沟，这条沟称为月牙洼磨损，其深度为 KT、宽度为 KB，如图 1-56a 所示。后刀面磨损的形式如图 1-56b 所示。磨损分为三个区域：刀尖磨损 C 区（磨损量 VC）、中间磨损 B 区（磨损量 VB）和边界磨损 N 区（磨损量 VN）。切削脆性金属，后刀面易磨损。切削塑性金属时，前、后刀面同时磨损。

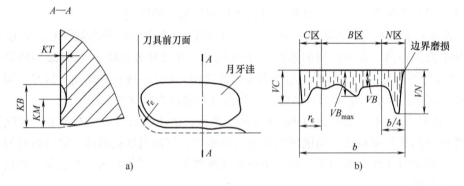

图 1-56　刀具磨损的测量位置

2）刀具磨损过程和刀具磨损标准。刀具磨损过程可分为三个阶段，如图 1-57 所示。

① 初期磨损阶段（OA 段）：在开始切削的短时间内，将刀具表面的不平度磨掉。

② 正常磨损阶段（AB 段）：随着切削时间增长，磨损量以较均匀的速度加大，AB 线基本上呈直线。

③ 急剧磨损阶段（BC 段）：磨损量达到一定数值后，磨损急剧加速、继而刀具损坏。生产中为合理使用刀具，保证加工质量，应避免达到该阶段。在生产中通过磨损过程或磨损曲线来控制刀具使用时间和衡量、比较刀具切削性能好坏、刀具寿命高低。

磨损标准：刀具磨损到一定限度就不能继续使用，这个磨损限度称为磨钝标准。

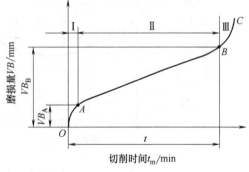

图 1-57　刀具磨损曲线

硬质合金车刀的磨钝标准见表1-15，在国家标准中规定的磨损标准通常是以后刀面中间磨损量 VB 来表示磨损的程度。由于切削过程比较复杂，影响加工因素很多，因此刀具磨损量的测定必须考虑生产实际的具体情况。

表 1-15 硬质合金车刀的磨钝标准

加工条件	磨钝标准 VB/mm
精车	0.1~0.3
合金钢粗车、粗车刚性较差的工件	0.4~0.5
粗车钢料	0.6~0.8
精车铸铁	0.8~1.2
钢及铸铁大件低速粗车	1.0~1.5

3）刀具磨损的原因。

① 磨粒磨损：切削过程中工件或切屑上的硬质点（如工件材料中的碳化物、剥落的积屑瘤碎片等）在刀具表面上刻划出沟痕而造成的磨损，也称机械磨损。

② 粘结磨损：在高温高压的作用下，切屑与前刀面、工件表面与后刀面之间接触与摩擦，使两者粘结在一起，造成刀具的粘结磨损。

③ 相变磨损：高速工具钢材料有一定的相变温度（550~600℃）。当切削温度超过了相变温度时，刀具材料的金相组织发生转变，硬度显著下降，从而使刀具迅速磨损。

④ 扩散磨损：在高温高压作用下，两个紧密接触的表面之间金属元素将产生扩散。用硬质合金刀具切削时，硬质合金中的钨、钛、钴、碳等元素扩散到切屑和工件材料中去，这样改变了硬质合金表层的化学成分，使它的硬度和强度下降，加快了刀具磨损。

⑤ 氧化磨损：在高温下（700℃以上），空气中的氧与硬质合金中的钴和碳化钨发生氧化作用，产生组织疏松脆弱的氧化物，这些氧化物极易被切屑和工件带走，从而造成刀具磨损。

不同的刀具材料在不同的使用条件下造成磨损的主要原因是不同的。对高速钢刀具来说，磨粒磨损和粘结磨损是使它产生正常磨损的主要原因，相变磨损是使它产生急剧磨损的主要原因。对硬质合金刀具来说，在中、低速时，磨粒磨损和粘结磨损是使它产生正常磨损的主要原因，在高速切削时刀具磨损主要由磨粒磨损、扩散磨损和氧化磨损所造成。而扩散磨损是使硬质合金刀具产生急剧磨损的主要原因。

（2）刀具寿命 T

1）刀具寿命的定义。刀具寿命是指刀具从开始切削至达到磨钝标准为止所用的切削时间 T（min）。有时也用可用达到磨钝标准所加工零件的数量或切削路程表示。刀具寿命是一个判断刀具磨损量是否已达到磨钝标准的间接控制量。

2）影响刀具寿命 T 的因素。若磨钝标准相同，刀具寿命长，则表示刀具磨损慢。因此影响刀具磨损的因素，也就是影响刀具寿命的因素。

① 工件材料的影响。工件材料的强度、硬度越高，导热性越差，刀具磨损越快，刀具寿命就会越低。

② 切削用量的影响。切削用量 v_c、f、a_p 增加时，刀具磨损加剧，刀具寿命降低。影响最大的是切削速度 v_c，其次是进给量 f，影响最小的是背吃刀量 a_p。切削速度对刀具寿命的

影响如图 1-58 所示。由图可知，一般来说，切削速度越高，刀具寿命越低。这是因为切削速度的提高会导致切削刃口接触热量的增加，从而加速刀具的磨损，降低刀具寿命。此外，过低的切削速度也会导致刀具过早磨损。

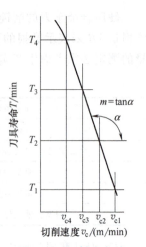

图 1-58　切削速度对刀具寿命的影响

③ 刀具的影响。刀具材料的耐磨性、耐热性越好，刀具寿命就越高。前角 γ_o 增大，能减少切削变形，减少切削力及功率的消耗，因而切削温度下降，刀具寿命增加。但是如果前角过大，则楔角 β_o 过小，刃口强度和散热条件就不好，反而使刀具寿命降低。刀尖圆弧半径增大或主偏角减小，都会使切削刃的工作长度增加，使散热条件得到改善，从而降低切削温度。

④ 切削液的影响。切削液对刀具寿命的影响与切削温度有很大的关系。切削温度越高，刀具寿命越短。切削液本身的温度越低，就能越明显地降低切削温度，如果将室温（20℃）的切削液降温至 5℃，则刀具寿命可提高 50%。

3）刀具寿命的合理数值。刀具寿命也并不是越长越好。如果刀具寿命选择过长，势必要选择较小的切削用量，结果使加工零件的切削时间大为增加，反而降低生产率，使加工成本提高。反之如果刀具寿命选择过低，虽然可以采用较大的切削用量，但却因为刀具很快磨损而增加了刀具材料的消耗和换刀、磨刀、调刀等辅助时间，同样会使生产率降低和成本提高。因此加工时要根据具体情况选择合适的刀具寿命。

从上述分析可知，每种刀具材料都有一个最佳切削速度范围。为了提高生产率，通常切削速度和刀具寿命 T 的关系可用下列实验公式表示：

$$v_c T^m = C$$

式中　　v_c——切削速度（m/min）；

$\qquad$ m——表示影响程度的指数，高速钢车刀 $m=0.125$，硬质合金车刀 $m=0.2$；

$\qquad$ T——刀具寿命（min）；

$\qquad$ C——系数，与刀具、工件材料、和切削条件有关。

由上式可看出，切削速度对刀具寿命的影响很大，提高切削速度，刀具寿命就降低。生产中一般根据最低加工成本的原则来确定刀具寿命，而在紧急时可根据最高生产率的原则来确定刀具寿命。

刀具寿命推荐的合理数值可在有关手册中查到。下列数据可供参考：

高速钢车刀	30~90min
硬质合金焊接车刀	60min
高速钢钻头	80~120min
硬质合金铣刀	120~180min
齿轮刀具	200~300min
组合机床、自动机床及自动线用刀具	240~480min

可转位车刀的推广和应用，使换刀时间和刀具成本大大降低，从而可降低刀具寿命至 15~30min，这就可大大提高切削用量，进一步提高生产率。

刀具磨损在金属切削过程中是一种不可避免的物理现象，随着切削过程的进行，刀具磨损不断增加，刀具越来越钝，切削力、切削温度随之不断增加，故对零件加工精度、表面质量及机床动力消耗均有很大影响。刀具磨损的快慢对生产成本和劳动生产率有着直接影响，有时刀具磨损过快，使生产不能正常进行，因此，研究刀具磨损问题是十分重要的。

1.3.3.2 切屑的控制

在生产实践中可以看到，有的切屑常常打卷，到一定长度自行折断；但也有切屑成带状直窜而出，特别在高速切削时，切屑很烫，很不安全，应设法使之折断。

（1）切屑的卷曲和形状 切屑的卷曲是由于切屑内部变形或碰到断屑槽等障碍物造成的。切屑的形状是多种多样的，如带形、螺旋形、弧形、C字形、6字形和针形等。较为理想、便于清理的屑形为 100mm 以下长度的螺旋状切屑和不飞溅、定向落下的 C 字形、6 字形切屑。

（2）切屑的折断 切屑经第 I、第 II 变形区的严重变形后，硬度增加，塑性大大降低，性能变脆，从而为断屑创造了先决条件。由切屑经变形自然卷曲或经断屑槽等障碍物强制卷曲产生的拉应变超过切屑材料的极限应变值时，切屑即会折断。

（3）断屑措施 生产中常用的断屑措施有如下几种：

1）磨制断屑槽，如图 1-59 所示，其中折线型和直线圆弧形适用于加工碳钢、合金钢、工具钢和不锈钢，全圆弧型适用于加工塑性大的材料和用于重型刀具。断屑槽尺寸 L_{Bn}（槽宽）、C_{Bn}（槽深）或 r_{Bn} 应根据切屑厚度取值以防产生堵屑现象。

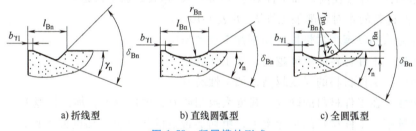

a) 折线型   b) 直线圆弧型   c) 全圆弧型

图 1-59 断屑槽的形式

如图 1-60 所示，断屑槽在前刀面上的位置有外斜式、平行式（适用粗加工）和内斜式（适于半精加工和精加工）。改变切削用量，主要是增大进给量使切屑厚度增大，从而使切屑易折断。改变刀具角度，主要是增大主偏角 κ_r 使切屑厚度增大，使切屑易折断。

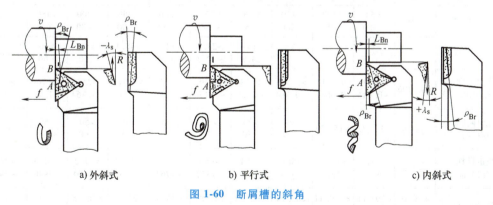

a) 外斜式   b) 平行式   c) 内斜式

图 1-60 断屑槽的斜角

2）可以改变刃倾角 λ_s 的正、负值，控制切屑流向达到断屑目的，如图 1-61 所示。对于塑性很高的工件材料还可采用振动切削装置达到断屑目的。

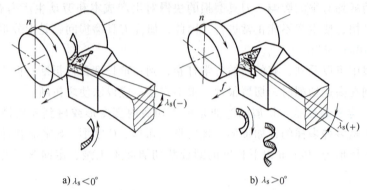

a) $\lambda_s < 0°$ b) $\lambda_s > 0°$

图 1-61　刃倾角 λ_s 控制断屑

1.3.3.3　材料的切削加工性

1. 衡量工件材料切削加工性的指标

工件材料切削加工性，是指工件材料切削加工时的难易程度。通常采用在刀具寿命 T 一定的情况下，切削某种工件材料所允许的切削速度 v_T，与加工性较好的 45 钢的 $(v_T)_j$ 相比较，一般取 $T = 60\text{min}$，则相对切削加工性 K_r 为 $K_r = v_T / (v_T)_j$，$K_r > 1$，说明这种材料加工时刀具磨损较小，寿命较高，加工性好于 45 钢。K_r 越大，加工性越好。

常用工件材料的相对切削加工性 K_r 见表 1-16。

2. 工件材料的物理力学性能对切削加工性的影响

（1）**硬度**　工件材料的硬度越高，加工性越差。

（2）**强度**　工件材料的强度越高，加工性越差。

（3）**塑性**　在工件材料的硬度、强度大致相同时，塑性越大，加工性越差。

（4）**热导率**　工件材料的热导率大，由切屑带走的热量多，切削温度低，刀具磨损慢，其切削加工性好，反之则差。热导率小是难加工材料切削加工性差的原因之一。

表 1-16　相对切削加工性 K_r 及其分级

切削加工性		易切削			较易切削		较难切削			难切削		
等级代号		0	1	2	3	4	5	6	7	8	9	9a
硬度	HBW	≤50	>50 ~100	>100 ~150	>150 ~200	>200 ~250	>250 ~300	>300 ~350	>350 ~400	>400 ~480	>480 ~635	>635
	HRC				>14~ 24.8	>24.8 ~32.3	>32.3 ~38.1	>38.1 ~43	>43 ~50	>50 ~60	>60
抗拉强度 R_m/GPa		≤0.196	>0.196 ~0.441	>0.441~ 0.588	>0.588 ~0.784	>0.784 ~0.98	>0.98 ~1.176	>1.176 ~1.372	>1.372 ~1.568	>1.568 ~1.764	>1.764 ~1.96	>1.96 ~2.45
断后伸长率 $A/(\%)$		≤10	>10~15	>15~20	>20 ~25	>25 ~30	>30 ~35	>35 ~40	>40 ~50	>50 ~60	>60 ~100	>100
冲击韧性 $\alpha_K/(\text{kJ/m}^2)$		≤196	>196~ 392	>392~ 588	>588 ~784	>784 ~980	>980 ~1372	>1372 ~1764	>1764 ~1962	>1962 ~2450	>2450 ~2940	>2940 ~3920
热导率 λ /$[\text{W}/(\text{m}\cdot\text{K})]$		418.68 ~293.08	<293.08 ~167.47	<167.47 ~83.74	<83.74 ~62.80	<62.80 ~41.87	<41.87 ~33.5	<33.5 ~25.12	<25.12 ~16.75	<16.75 ~8.37	<8.37	

3. 改善工件材料切削加工性的途径

当工件材料的切削加工性满足不了加工的要求时,往往需要通过各种途径,针对难加工的因素采取措施达到改善切削加工性的目的。

(1) 采取适当的热处理　通过热处理可以改变材料的金相组织,改变材料的物理力学性能。例如:低碳钢采用正火处理或在冷拔状态以降低其塑性、提高表面加工质量;高碳钢采用退火处理降低硬度以减少刀具的磨损;马氏体不锈钢通过调质处理以降低塑性;热轧状态的中碳钢,通过正火处理使其组织和硬度均匀;铸铁件一般在切削前都要进行退火以降低表层硬度,消除应力。

(2) 调整工件材料的化学成分　在大批量生产中,应通过调整工件材料的化学成分来改善切削加工性。例如易切钢就是在钢中适当添加一些化学元素(S、Pb 等)以金属或非金属夹杂物状态分布、不与钢基体固溶,从而可使切削力减小、容易断屑,且刀具寿命高,加工表面质量好。

1.3.3.4　切削液的合理选用

合理的选用切削液,对降低切削温度,减小刀具磨损,提高刀具寿命,改善加工质量,都有很好的效果。

1. 切削液的作用

(1) 冷却作用　在切削过程中,切削液能带走大量的切削热,有效地降低切削温度,提高刀具寿命。切削液冷却性能的好坏,主要取决于它的热导率、比热、汽化热和流量的大小。一般说来,水溶液冷却效果最好,乳化液其次,油类最差。

(2) 润滑作用　是通过切削液渗透到刀具、切屑及工件表面之间形成润滑油膜而实现的。作为一种性能优良的切削液,除了具有良好的冷却、润滑性能外,还应具有防锈作用、不污染环境、稳定性好、价格低廉等优点。

2. 切削液的种类和选用

(1) 水溶液　主要成分是水,并在水中加入一定的防锈剂。它的冷却性能好,润滑性能差,呈透明状,常在磨削中使用。

(2) 乳化液　是将乳化油用水稀释而成,呈乳白色,一般水占 95%~98%,故冷却性能好,并有一定的润滑性能。若乳化油占的比例大些,其润滑性能会有所提高。乳化液中常加入极压添加剂以提高油膜强度,起到良好的润滑作用。一般材料的粗加工常使用乳化液,难加工材料的切削常使用极压乳化液。

(3) 切削油　主要是矿物油(机油、煤油、柴油),有时采用少量的动、植物油及它们的复合油。切削油的润滑性能好,但冷却性能差。为了提高切削油在高温高压下的润滑性能,在切削油中加入极压添加剂以形成极压切削油。一般材料的精加工,常使用切削油。难加工材料的精加工,常使用极压切削油。

总之,切削液的品种很多、性能各异,通常应根据加工性质、工件材料和刀具材料等来选择合适的切削液,才能收到良好的效果。具体选择原则如下:

粗加工时,主要要求冷却,一般应选用冷却作用较好的切削液,如低浓度的乳化液等。精加工时,主要希望提高工件的表面质量和减少刀具磨损,一般应选用润滑作用较好的切削液，如高浓度的乳化液或切削油等。

加工一般钢材时，通常选用乳化液或硫化切削油；加工铜合金和有色金属时，一般不宜采用含硫化油的切削液，以免腐蚀工件。加工铸铁、青铜、黄铜等脆性材料时，一般不使用切削液。在低速精加工（如宽刀精刨、精铰、攻螺纹）时，可用煤油作为切削液。

高速钢刀具一般要根据加工性质和工件材料选用合适的切削液。硬质合金刀具一般不用切削液。

1.3.3.5 车削加工质量分析

1. 车台阶的质量分析

（1）台阶长度不正确、不垂直、不清晰 原因是操作粗心，测量失误，自动走刀控制不当，刀尖不锋利，车刀刃磨或安装不正确。

（2）表面粗糙度差 原因是车刀不锋利，手动走刀不均匀或太快，自动走刀切削用量选择不当。

2. 车圆锥体的质量分析

（1）锥度不准确 原因是计算上的误差，小拖板转动角度和床尾偏移量偏移不精确，或者是车刀、拖板、床尾没有固定好，在车削中移动而造成。甚至因为工件的表面粗糙度太差，量规或工件上有毛刺或没有擦拭干净而造成检验和测量的误差。

（2）锥度准确而尺寸不准确 原因是粗心大意，测量不及时不仔细，进刀量控制不好，尤其是最后一刀没有掌握好进刀量而造成误差。

（3）圆锥素线不直 圆锥素线不直是指锥面不是直线，锥面上产生凹凸现象或是中间低、两头高。主要原因是车刀安装没有对准中心。

（4）表面粗糙度不合要求 配合锥面一般精度要求较高，表面粗糙度不合要求往往会造成废品，因此一定要注意。造成表面粗糙度差的原因是切削用量选择不当，车刀磨损或刃磨角度不对；没有进行表面抛光或者抛光余量不够；用小拖板车削锥面时，手动走刀不均匀；另外机床的间隙大，工件刚性差也是会影响工件的表面粗糙度。

3. 车内孔的质量分析

（1）尺寸精度达不到要求

1）孔径大于要求尺寸：原因是车孔刀安装不正确，刀尖不锋利，小拖板下面转盘基准线未对准"0"线，孔偏斜、跳动，测量不及时。

2）孔径小于要求尺寸：原因是刀杆细造成"让刀"现象，塞规磨损或选择不当，车刀磨损以及车削温度过高。

（2）几何精度达不到要求

1）内孔成多边形：原因是车床齿轮咬合过紧，接触不良，车床各部间隙过大。薄壁工件装夹变形也会使内孔呈多边形。

2）内孔有锥度：原因是主轴中心线与导轨不平行，使用小拖板时基准线不对，切削用量过大或刀杆太细造成"让刀"现象。

3）表面粗糙度达不到要求：原因是切削刃不锋利，刀具角度不正确，切削用量选择不当，切削液不充足。

4. 车螺纹的质量分析

车削螺纹时产生废品的原因及预防方法见表1-17。

表 1-17　车削螺纹时产生废品的原因及预防方法

零件不合格	产生原因	预防方法
尺寸不正确	车外螺纹前的直径不对 车内螺纹前的孔径不对	根据计算尺寸车削外圆与内孔
	车刀刀尖磨损	经常检查车刀并及时修磨
	螺纹车刀切深过大或过小	车削时严格掌握螺纹切入深度
螺纹不正确	交换齿轮在计算或搭配时错误 进给箱手柄位置放错	车削螺纹时先车出很浅的螺旋线检查螺距是否正确
	车床丝杠和主轴窜动	调整好车床主轴和丝杠的轴向窜动量
	开合螺母镶条松动	调整好开合螺母镶条,必要时在手柄上挂上重物
牙型不正确	车刀安装不正确,产生半角误差	用样板对刀
	车刀刀尖角刃磨不正确	正确刃磨和测量刀尖角
	刀具磨损	合理选择切削用量及时修磨车刀
螺纹表面不光洁	切削用量选择不当 产生积屑瘤拉毛螺纹侧面	高速钢车刀车螺纹的切削速度不能太大,切削厚度应小于 0.06mm,并加切削液
	切屑流出方向不对	硬质合金车刀高速车螺纹时,最后一刀的切削厚度要大于 0.1mm,切屑要垂直于轴心线方向排出
	刀杆刚性不够产生振动	刀杆不能伸出过长,并选粗壮刀杆
扎刀和顶弯工件	车刀径向前角太大	减小车刀径向前角,调整中滑板丝杠螺母间间隙
	工件刚性差,而切削用量选择太大	合理选择切削用量,增加工件装夹刚性

1.3.4　新技术新工艺——切削用量选择

在制造业现实生产加工中,新工艺的改进往往不是一蹴而就,其过程是非常缓慢的,它往往受到生产成本、经济环境以及人的影响因素所限制,所以切削过程的优化往往变成为优化切削工艺参数的问题。切削参数的选择是一项具有很大灵活性且具有一定现场性的工作,不可否认,从业人员经过日积月累不断细心体察,能逐步探索找到符合企业生产实际的切削参数,但不一定是最优的。尤其是随着一些新工艺、新材料、不断更换的切削设备以及所加工零件轮廓趋于复杂化等加工条件的变化,依靠传统的个人经验或查阅手册就很难确立一组合理的切削参数,必须依靠更科学的方法来优化切削参数。运用现代切削理论、数学建模和模型分析方法寻求切削参数的最优组合,则是切削参数优化的一个重要发展方向,是实现高效加工技术的关键。

研究切削加工优化是为了获得高品质的产品,提高经济效益,因此切削参数的优化已成为现代机械制造业中重要的经济问题之一。在金属切削加工中,切削用量是金属切削时各运动参数的总称,包括切削速度、进给量和背吃刀量(切削深度),这是金属切削过程的基本控制量,它的选取是否合理直接影响加工设备的使用性能。因此,合理选择和优化切削加工参数直接关系到切削材料和机床是否合理的使用,并且对提高生产率,提高加工精度和表面质量,降低生产成本具有重要意义。随着科学技术的发展、工艺的改进和设备及工艺装备的更新,切削参数也在不断地变化。在加工设备精度较高,使用先进加工刀具的情况下,切削参数的选择范围也可适当提高。以下是采用先进切削工艺时,切削速度的选择(表 1-18)和背吃刀量、进给量的选择(表 1-19)。

表 1-18　切削速度推荐值

	GC4325	GC4235	GC1515	GC30				韧性 >>>>
进给量f/(mm/r)	0.1~0.4~0.8	0.1~0.4~0.8	0.1~0.2~0.3	0.15~0.25~0.4				
切削速度v_c/(m/min)								
	510-345-245	425-275-200	310-290-255	305-260-215				
	455-305-215	380-245-180	310-280-245	275-235-195				
	425-290-205	365-235-170	285-260-230	260-220-185				
	460-305-215	300-185-135	295-200-125	215-180-150				
	395-265-190	250-155-110	-	190-160-130				
	255-180-140	185-120-85	195-100-40	115-115-95				
	205-145-110	150-95-70	160-80-34	110-95-80				
	300-205-150	240-155-105	-	-				
	135-95-75	110-70-50	-	-				
	240-180-130	185-140-100	-	-				
	210-140-100	165-100-70	-	-				
	185-125-90	145-95-65	-	-				
	GC2025	GC2035	GC235					韧性 >>>>
	0.2~0.4~0.6	0.2~0.4~0.6	0.2~0.4~0.6					
	230-175-135	180-160-130	130-110-90					
	110-70-50	85-65-45	70-55-45					
	120-80-55	95-70-50	75-60-50					
	240-175-130	170-145-115	115-100-85					
	100-70-50	85-65-45	85-65-45					
	130-100-75	100-90-70	85-70-60					
	190-150-110	160-135-105	105-95-80					
	150-120-90	130-110-85	95-80-70					
	220-160-120	170-145-115	115-100-85					
	85-55-40	70-50-40	60-45-35					
	120-80-55	75-60-50	65-50-40					

表 1-19　推荐的背吃刀量和进给量

用于车削的 T-Max® P 刀片

刀片	背吃刀量 a_p = mm			进给量 f_n = mm/r			刀片	背吃刀量 a_p = mm			进给量 f_n = mm/r		
	推荐值	最小	最大	推荐值	最小	最大		推荐值	最小	最大	推荐值	最小	最大
CNGG120404-SGF	0.30	0.10	3.00	0.12	0.05	0.25	CNMG120408-XMR	3.00	0.50	6.00	0.30	0.15	0.50
CNGG120408-SGF	0.50	0.20	3.00	0.15	0.10	0.30	CNMG120412-KF	1.00	0.20	2.50	0.25	0.10	0.35
CNGG120412-SGF	0.80	0.30	4.00	0.18	0.10	0.35	CNMG120412-KM	3.00	0.30	6.00	0.40	0.15	0.60
CNMA120404-KR	2.50	0.20	5.00	0.20	0.10	0.30	CNMG120412-KR	3.50	0.50	7.00	0.50	0.25	0.70
CNMA120408-KR	4.00	0.20	8.00	0.35	0.15	0.60	CNMG120412-KRR	4.00	0.30	8.00	0.45	0.20	0.80
CNMA120412-KR	4.00	0.30	8.00	0.45	0.20	0.80	CNMG120412-MF	1.00	0.50	4.00	0.30	0.20	0.60
CNMA120416-KR	4.00	0.30	8.00	0.55	0.20	1.00	CNMG120412-MF[1]	0.80	0.20	2.50	0.25	0.15	0.50
CNMA160612-KR	5.00	0.30	10.00	0.45	0.20	0.80	CNMG120412-MM	3.00	0.50	5.7	0.35	0.10	0.60
CNMA160616-KR	5.00	0.30	10.00	0.55	0.20	1.00	CNMG120412-MMC	2.00	0.40	3.00	0.35	0.15	0.50
CNMA190608-KR	6.00	0.20	12.00	0.35	0.15	0.60	CNMG120412-MR	4.00	1.50	8.00	0.50	0.35	0.75
CNMA190612-KR	6.00	0.30	12.00	0.45	0.20	0.80	CNMG120412-MR[1]	3.00	2.00	7.60	0.35	0.20	0.60
CNMA190616-KR	6.00	0.30	12.00	0.55	0.20	1.00	CNMG120412-MR[1]	4.00	1.00	6.00	0.40	0.25	0.65
CNMA190624-KR	6.00	0.40	12.00	0.60	0.20	1.40	CNMG120412-PF	0.80	0.35	1.50	0.25	0.15	0.50
CNMG090304-MF	1.00	0.50	3.00	0.20	0.10	0.30	CNMG120412-PM	3.00	0.80	5.5	0.35	0.18	0.60
CNMG090304-MF[1]	0.40	0.10	1.50	0.15	0.05	0.25	CNMG120412-PMC	2.00	0.50	3.00	0.35	0.15	0.50
CNMG090304-MM	1.50	0.15	4.00	0.25	0.10	0.40	CNMG120412-PR	4.00	1.00	7.00	0.40	0.25	0.70
CNMG090304-PF	0.40	0.25	1.50	0.15	0.07	0.30	CNMG120412-QM	3.00	1.00	6.00	0.35	0.20	0.60
CNMG090304-PM	2.00	0.40	4.00	0.20	0.10	0.30	CNMG120412-SF	0.80	0.40	2.00	0.17	0.12	0.30
CNMG090304-QM	3.00	1.00	4.50	0.25	0.18	0.30	CNMG120412-SM	2.00	0.30	3.50	0.28	0.12	0.38
CNMG090304-WF	0.50	0.30	1.50	0.15	0.05	0.25	CNMG120412-SMC	1.50	0.40	3.00	0.30	0.15	0.40
CNMG090304-XF	0.75	0.15	3.50	0.15	0.04	0.20	CNMG120412-SMR	2.00	0.50	4.00	0.32	0.12	0.42
CNMG090308-MF	1.00	0.50	3.00	0.25	0.15	0.50	CNMG120412-WF	1.50	0.40	4.00	0.20	0.20	0.60
CNMG090308-MF[1]	0.40	0.10	1.50	0.20	0.10	0.35	CNMG120412-WM	3.50	0.80	6.00	0.50	0.20	0.90
CNMG090308-MM	2.00	0.50	4.00	0.25	0.10	0.40	CNMG120412-WMX	3.50	0.80	6.00	0.50	0.20	0.75
CNMG090308-PF	0.40	0.30	1.50	0.15	0.10	0.30	CNMG120412-XM	3.00	0.70	5.00	0.30	0.15	0.45
CNMG120408-PF	0.40	0.30	1.50	0.20	0.10	0.40	CNMG160612-MR	6.00	2.00	10.70	0.60	0.35	0.75
CNMG120408-PM	3.00	0.50	5.5	0.30	0.15	0.50	CNMG160612-MR[1]	4.00	2.00	10.00	0.35	0.15	0.60
CNMG120408-PMC	2.00	0.25	3.00	0.30	0.15	0.40	CNMG160612-MRR	5.00	1.00	7.00	0.40	0.25	0.65
CNMG120408-PR	4.00	1.00	7.00	0.35	0.20	0.50	CNMG160612-PM	4.00	0.80	7.20	0.35	0.18	0.60
CNMG120408-QM	3.00	1.00	6.00	0.30	0.20	0.50	CNMG160612-PMC	3.00	0.50	6.00	0.35	0.15	0.50
CNMG120408-SF	0.50	0.20	1.50	0.15	0.10	0.25	CNMG160612-PR	5.00	1.00	8.00	0.40	0.25	0.70
CNMG120408-SM	2.00	0.20	3.00	0.25	0.15	0.35	CNMG160612-QM	3.00	1.00	8.00	0.35	0.25	0.60
CNMG120408-SMC	1.00	0.25	3.00	0.25	0.15	0.35	CNMG160612-SM	4.00	1.00	6.00	0.30	0.20	0.35
CNMG120408-SMR	1.50	0.50	4.00	0.30	0.10	0.50	CNMG160612-SMC	2.00	0.25	3.00	0.35	0.15	0.50
CNMG120408-WF	1.00	0.25	4.00	0.20	0.10	0.50	CNMG160612-WM	3.50	0.70	6.50	0.40	0.20	0.70
CNMG120408-WL	0.50	0.20	1.50	0.15	0.10	0.45	CNMG160612-WMX	3.50	0.80	6.00	0.50	0.20	0.75
CNMG120408-WM	2.00	0.50	5.00	0.30	0.15	0.60	CNMG160612-XMR	4.00	1.00	7.00	0.40	0.20	0.65
CNMG120408-WMX	3.00	0.50	5.00	0.45	0.15	0.70	CNMG160616-HM	4.00	1.50	8.00	0.60	0.30	0.90
CNMG120408-XF	1.00	0.20	4.00	0.20	0.05	0.25	CNMG160616-KM	4.00	0.30	8.00	0.45	0.20	0.70
CNMG120408-XM	2.50	0.50	5.00	0.25	0.10	0.40	CNMG160616-KR	4.70	1.00	9.30	0.61	0.30	0.85

项目2

铣削定位板

【项目导入】

工作对象：定位板，中批量生产。

定位板零件是工程机械中主要零件之一，它的主要功能是定位支承。本项目要求完成定位板外形轮廓铣削。选择两把铣刀加工，一把刀用于粗铣外形，另一把刀用于精铣外形。

任务 2.1　选用铣刀

2.1.1　任务描述

图 2-1 所示为本项目要加工的定位板零件，材料为 42CrMo。请根据尺寸、形状等已知条件选用合适的加工刀具。

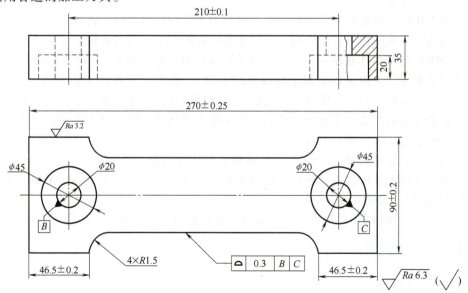

图 2-1　定位板零件

【知识目标】

1. 了解定位板零件的结构特点。
2. 掌握铣削加工的工艺范围及特点。
3. 掌握常用铣刀的类型、参数与用途。
4. 掌握铣削刀具的材料。
5. 掌握铣削加工切削层参数。
6. 熟悉铣削方式。

【能力目标】

1. 具备审核零件图的能力。
2. 具备分析各类刀具适用性的能力。
3. 会根据加工要求正确选用铣刀。

【素养目标】

1. 培养学生以德为先、爱岗敬业,强化社会责心。
2. 提升学生安全意识、信息素养、传承"敬业、精益、专注、创新"的工匠精神。

【素养提升园地】

"铣工状元"董礼涛:以匠心铸造"中国芯"

董礼涛是哈尔滨电气集团哈尔滨汽轮机厂有限责任公司的一名数控铣工,也是"董礼涛国家级技能大师"工作室的领办人。他工作仅 3 年就被称为"铣工状元""技术大王",2020 年又获评"全国劳动模范"。"执着、细致、创新是匠心所在,也是工作基本态度,我只是在履行一名工人应尽的职责。"谈及获得"全国劳动模范"称号,董礼涛说,"我没觉得自己多优秀,工作就应该这样做"。

刚参加工作时,董礼涛利用休息时间,捧着书本仔细钻研,趴在铣床上反复琢磨。随着不断实践和钻研,他的技术稳步提高,一些独具匠心的加工方式大大提高了工作效率。2010年,首台 30MW 燃气增压机组国产化生产攻关的重任落在董礼涛肩上,"我明白这分量,核心技术是国之重器,大国重器必须掌握在自己手里"。那时,董礼涛和同事每天扎在车间,反复研讨,寻求突破。经过不懈努力,整套燃气增压设备国产化任务终于完成。董礼涛的同事张隆说,董礼涛的匠心在于他将平凡的工作干出不平凡的成绩,别人能干的他要干,别人干不了的他想办法干,还要干得好。

他是沉闷的,也是热情的,同事李昊起初和董礼涛共事,认为他不爱说话。后来他发现,董礼涛只要进入工作状态,脑袋里就只会想怎么减少耗材、节省时间、提高工作效率,"原来那不是沉闷,是格外认真"。

以匠心铸造"中国芯",挺起中国装备制造业的脊梁,这是董礼涛的愿望与担当。

2.1.2 任务实施

1. 拟订加工方案

定位板零件是工程机械中主要零件之一,它的主要功能是定位支承。该工序主要完成定位板外形轮廓铣削，选择两把铣刀加工，一把刀用于粗铣外形，另一把刀用于精加工外形。

2. 选用加工设备

根据定位板的加工要求和加工范围及结构特点，选择台中精 TXC-V7 数控机床。

3. 选用铣刀

此定位板材料为 42CrMo，材料硬度 280HBW，外形轮廓尺寸 270±0.25mm，90±0.2mm，表面粗糙度 Ra3.2μm，其余表面尺寸为自由公差，Ra 为 6.3μm，采用粗铣→精铣的加工方法达到加工要求。根据以上分析和查阅教材及相关资料，选择铣刀的具体类型及型号如下。

1）粗铣刀具类型及刀片。

粗铣刀具：面铣刀；刀片材料为 YT5、刀片型号为 R390-11T312E-PM 4340，如图 2-2 所示；刀杆型号为 R390-050C5-54M，如图 2-3 所示。

图 2-2　R390-11T312E-PM 4340 型面铣刀　　　图 2-3　R390-050C5-54M 型刀杆

2）精铣刀具类型及刀片。

精铣刀具：整体硬质合金高进给侧铣立铣刀；刀具型号 2P360-1200-PA 1630，如图 2-4 所示。

图 2-4　2P360-1200-PA 1630 型立铣刀

4. 检查与考评

（1）检查

1）学生自行检查工作任务完成情况。

2）小组间互查，进行方案的技术性、经济性和可行性分析。

3）教师专查，进行点评，组织方案讨论。

4）针对问题进行修改，确定最优方案。

5）整理相关资料，归档。

（2）考评

考核评价按表 2-1 中的项目和评分标准进行。

表 2-1 评分标准

序号	考核评价项目		考核内容	学生自检	小组互检	教师终检	配分	成绩
			任务 2.1 选用铣刀					
1	全过程考核	知识能力	相关知识点的学习				20	
			能分析定位板结构工艺性					
			能拟订定位板加工方法及顺序					
2		技术能力	具备信息搜集,自主学习的能力				40	
			具备分析解决问题、归纳总结及创新能力					
			能够根据加工要求正确选用铣刀					
3		素养能力	以德为先、爱岗敬业,强化社会责心 安全意识、信息素养、传承"敬业、精益、专注、创新"的工匠精神				20	
4			任务单完成				10	
5			任务汇报				10	

2.1.3 知识链接

1. 定位板零件的功用与结构特点

定位板是各类机器的基础定位零件,除了定位支承外还有辅助支承作用,一般在工件加工过程中起提高夹具稳定性的作用。因此,定位板的加工质量将直接影响工件的加工精度。

2. 定位板零件的材料及毛坯

42CrMo 是超高强度钢,具有高强度和韧性,淬透性也较好,无明显的回火脆性,淬火时变形小,调质处理后有较高的疲劳极限和抗多次冲击能力,低温冲击韧度良好,高温时有高的蠕变强度和持久强度。该钢通常将调质后表面淬火作为热处理方案。42CrMo 的强度、淬透性高,韧性好,淬火时变形小,高温时有高的蠕变强度和持久强度。用于制造要求较 35CrMo 钢强度更高和截面更大的锻件,如机车牵引用的大齿轮、增压器传动齿轮、压力容器齿轮、后轴、受载荷极大的连杆及弹簧夹,也可用于 2000m 以下石油深井钻杆接头与打捞工具,并且可以用于折弯机的模具等。

定位板毛坯制造方法有两种,一种是采用铸造,另一种是采用焊接。

3. 铣削加工定义、工艺范围与特点

(1) 铣削加工的定义 机械零件一般都是由毛坯通过各种不同方法的加工而达到所需形状和尺寸的,铣削加工是最常用的切削加工方法之一。所谓铣削,就是以铣刀旋转做主运动,工件或铣刀做进给运动的切削加工方法,如图 2-5 所示。铣削通过旋转的多切削刃刀具,沿各个方向在工件上上做进给移动,从而完成金属切削加工,铣削工序主要应用于生成平的表面,但目前也用于加工其他形状的表面。

(2) 铣削加工工艺范围 铣削加工是最常用的切削加工方法之一。铣削过程中的进给运动可以是直线,也可以是曲线,因此,铣削的加工范围比较广,生产率和加工精度也较高。铣床加工工艺范围如图 2-6 所示。

图 2-5 铣削加工

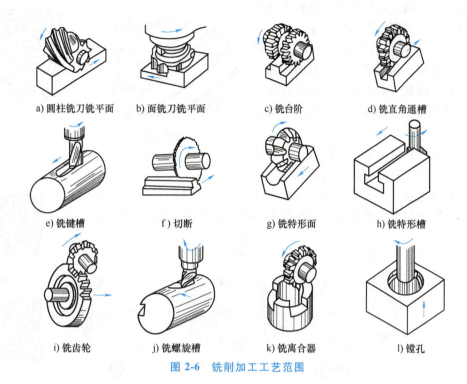

a) 圆柱铣刀铣平面　　b) 面铣刀铣平面　　c) 铣台阶　　d) 铣直角通槽

e) 铣键槽　　f) 切断　　g) 铣特形面　　h) 铣特形槽

i) 铣齿轮　　j) 铣螺旋槽　　k) 铣离合器　　l) 镗孔

图 2-6　铣削加工工艺范围

（3）铣削加工工艺特点

1）刀齿散热条件较好。铣刀刀齿在切离工件的一段时间内，可以得到一定的冷却，散热条件较好。但是，切入和切离时热和力的冲击，将加速刀具的磨损，甚至可能引起硬质合金刀片的碎裂。

2）加工效率较高。因为铣刀是多齿刀具，铣削时有多个刀齿同时参与切削，且铣削速度较高，所以铣削加工的生产率较高。

3）容易产生振动。由于铣削过程中每个刀齿的切削厚度不断变化，因此，铣削过程不平稳，容易产生振动。这也限制了铣削加工质量和生产率的进一步提高。

4）铣削加工的经济精度为 IT9～IT7，表面粗糙度 Ra 为 6.3～1.6 μm，最低可达 0.8 μm。

4. 铣刀的种类、用途、特点

铣刀是多刃刀具，常用的铣刀有圆柱铣刀、面铣刀、三面刃铣刀、T 形槽铣刀、键槽铣刀、凸半圆铣刀、离合器铣刀、锯片铣刀、镗孔刀、螺旋槽刀、齿轮铣刀等。

（1）圆柱铣刀　用于加工平面，分为粗齿和细齿两种。粗齿圆柱铣刀刀齿少，刀齿强度大，容屑空间大，适用于粗加工；细齿圆柱铣刀刀齿多，工作平稳，适用于精加工。一般圆柱铣刀都有螺旋角，螺旋角越大，参加切削的切削刃越长，切削过程越平稳，加工表面质量越高，但是同时刀具的制造成本也越高，越难刃磨。一般圆柱铣刀螺旋角的范围是 30°～45°，如图 2-7 所示。

铣刀直径应该根据铣削用量和铣刀心轴来选择。侧吃刀量越大，铣刀直径越大；铣刀心轴越大，铣刀直径越大。铣刀直径尽

圆柱铣刀　　圆柱铣刀
的结构　　的铣削

可能选取较小数值，这样可以降低机床功率消耗，减少切入时间，提高生产率。

（2）面铣刀 端铣削所用刀具为面铣刀，面铣刀适用于加工平面，尤其适合加工大面积平面。面铣刀的主切削刃分布在外圆柱面或外圆锥面上，其端面上的切削刃为副切削刃。

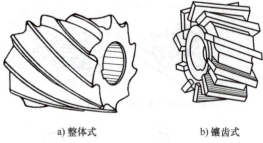

a) 整体式 b) 镶齿式

图 2-7 圆柱铣刀

面铣刀从结构上可分为整体式、镶齿式和可转位式三种，目前可转位式面铣刀应用最广，刀片有硬质合金刀片、陶瓷刀片、PCD 刀片、CBN 刀片等。可转位式面铣刀从齿距上可分为疏齿距、密齿距和超密齿距三种，如图 2-8 所示。

面铣刀的结构

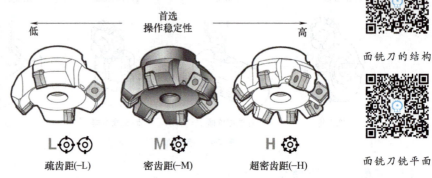

首选
操作稳定性

低　　　　　　　　　　　　高

疏齿距(-L)　　　密齿距(-M)　　　超密齿距(-H)

图 2-8 可转位式面铣刀的齿距

面铣刀铣平面

疏齿距面铣刀切削力小，适用于小型机床、大悬伸刀具。

密齿距面铣刀适用于普通铣削和混合加工。

超密齿距面铣刀具有最高的生产率，适用于短屑材料和耐热材料的加工。

面铣刀可以用于粗加工，也可以用于精加工。为了获得较大的切削深度，粗加工宜选用较小的铣刀直径。为了避免接刀痕迹，获得较高的已加工表面质量，精加工时宜选用较大的铣刀直径，如图 2-9 所示。

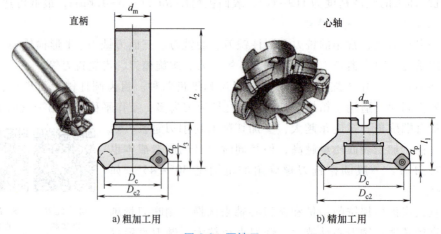

直柄　　　　　　　　　　　　心轴

a) 粗加工用　　　　　　　　b) 精加工用

图 2-9 面铣刀

（3）三面刃铣刀 三面刃铣刀的外圆周和两侧面都有切削刃，如图 2-10 所示。三面刃铣刀可以加工台肩面、沟槽等。三面刃铣刀从刀齿布局上可分为直齿三面刃铣刀和错齿三面刃铣刀。

直齿三面刃
铣刀应用

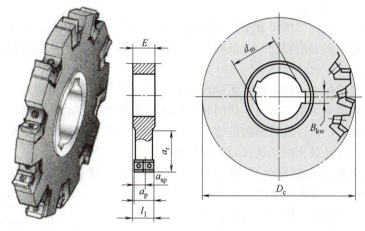

图 2-10 三面刃铣刀

直齿三面刃铣刀（图 2-11）的圆周齿与端齿前面在一个平面内，故而制作方便，刃磨简单，但是切削时属于直角切削，所以切削力大，难以保持切削过程的平稳。

错齿三面刃铣刀（图 2-12）的相邻两齿的螺旋方向相反，刀齿交错分布，制作成本高，刃磨难度大，刃磨时先刃磨一面齿，然后再刃磨另一面齿，磨齿时间长。错齿三面刃铣刀切削时属于斜角切削，所以切削力小，切削过程稳定，排屑方便，可以采用较大的切削用量，故而生产率高。

错齿三面
刃铣刀

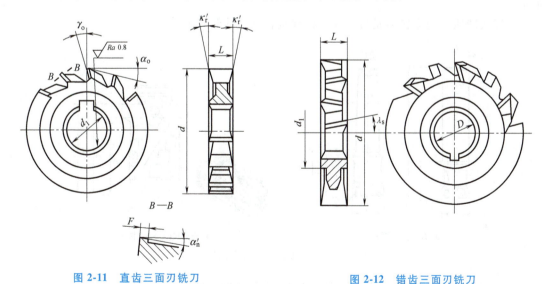

图 2-11 直齿三面刃铣刀   图 2-12 错齿三面刃铣刀

（4）立铣刀 立铣刀从结构上分为整体结构立铣刀（图 2-13）、镶齿可转位立铣刀（图 2-14）两种。镶齿可转位立铣刀又分为方肩式（图 2-14a）和长刃式（图 2-14b），其中长刃式立铣刀也称作玉米立铣刀。

立铣刀每个刀齿的主切削刃分布在圆柱面上，呈螺旋线形，其螺旋角为30°~45°，这样有利于提高切削过程的平稳性，将冲击减到最小，并可得到光滑的切削表面。

立铣刀结构

立铣刀每个刀齿的副切削刃分布在端面上，用来加工与侧面垂直的底平面。立铣刀的主切削刃和副切削刃可以同时进行切削，也可以分别单独进行切削。

立铣刀主要用于加工沟槽、成形面和台阶面等。立铣刀的圆柱切削刃为主切削刃，端面切削刃为副切削刃，切削时不宜沿轴向进给。但是端面切削刃通过中心的立铣刀，可以进行轴向进给。直径较小的立铣刀刀柄为直柄型和削平型直柄型，直径较大的立铣刀刀柄为锥柄。

立铣刀铣沟槽

整体式高速钢立铣刀螺旋角有30°、45°、60°等几种。螺旋角为30°或45°的立铣刀刀齿少，容屑空间大，适用于粗加工，螺旋角为60°的立铣刀刀齿多，切削过程平稳，适用于精加工。

硬质合金可转位立铣刀直径范围可达10~50mm，广泛用于铣削平面、沟槽、台阶等。一般采用带孔刀片，直接用螺钉压紧，装卸方便，换刀容易，容屑空间大，切削时切削力小，切削刃强度大，可采用较大切削深度，因而生产率高，可用在龙门铣床上加工铸钢件、铸铁件的小平面、台阶面等。

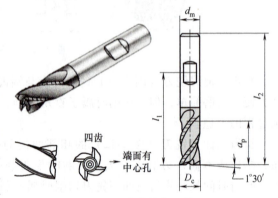

四齿　　端面有中心孔

图 2-13　整体结构立铣刀

焊接式硬质合金立铣刀是将刀片直接焊接在铣刀的侧刃上。

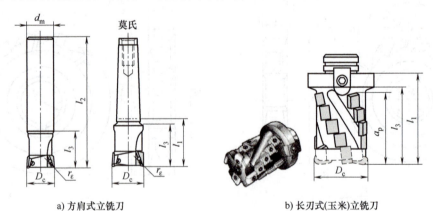

a) 方肩式立铣刀　　　　b) 长刃式(玉米)立铣刀

图 2-14　镶齿可转位立铣刀

（5）键槽铣刀　键槽铣刀分为半圆键槽铣刀和普通键槽铣刀。

半圆键槽铣刀是用来加工半圆键槽的专用铣刀，一般安装在卧式铣床上使用。

普通键槽铣刀（图 2-15）是加工圆头普通平键（即 A 型键）的专用刀具。它有两个刃

键槽铣刀
的结构

瓣，圆周切削刃和端面切削刃都可作为主切削刃，使用时先轴向进给，加工出键槽的深度，这时端面切削刃为主切削刃，然后再径向进给，加工出键槽全长，这时圆周切削刃为主切削刃。值得一提的是，键槽铣刀的基本尺寸就是被加工键槽的基本尺寸，键槽铣刀磨损后只刃磨端面刃，这是为了保证被加工键槽的基本尺寸。

键槽铣刀根据刀柄的形式分为直柄键槽铣刀和锥柄键槽铣刀。按照国家标准规定，直柄键槽铣刀 $d = 2 \sim 22 \mathrm{mm}$，锥柄键槽铣刀 $d = 14 \sim 50 \mathrm{mm}$。键槽铣刀直径的精度等级有两种，即 e8、d8，分别对应加工两种键槽，即 H9、N9。

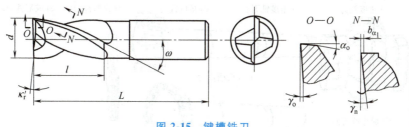

图 2-15　键槽铣刀

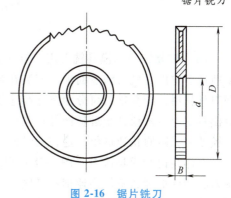

图 2-16　锯片铣刀

锯片铣刀

（6）锯片铣刀　锯片铣刀用来切断材料或铣削狭槽，一般做成整体式的，其作用与切断车刀类似，如图 2-16 所示。

（7）特种铣刀　如图 2-17 所示为常见的几种特种铣刀，特种铣刀一般为专用刀具，即为某个工件或某项加工内容而专门制造（刃磨）的。

① 角度铣刀如图 2-17a、b、c 所示，主要用于加工带角度的沟槽和斜面。角度铣刀分为单角铣刀和双角铣刀，双角铣刀中又分为对称双角铣刀和不对称双角铣刀。角度铣刀的圆锥切削刃为主切削刃，端面切削刃为副切削刃。

② 成形铣刀如图 2-17d、e、f 所示，主要用于铣削凹、凸槽、齿轮等成形面。成形铣刀刃形根据工件廓形设计计算而得。成形铣刀按照齿背形式可分为尖齿铣刀和铲齿铣刀。尖齿成形铣刀的齿背是铣制而成，在切削刃后磨出后刀面，用钝后只需刃磨后刀面即可。铲齿成形铣刀的齿背曲线是阿基米

T 形槽铣刀　　燕尾槽铣刀　指状齿轮铣刀

德螺旋线，是用专门的铲齿刀铲制而成，用钝后可重磨前刀面。当被加工零件为复杂廓形时，可保证铣刀在刃磨前后廓形基本保持不变。铲齿成形铣刀目前应用比尖齿成形铣刀广泛，原因有二，一是因为它刃磨前后能保证被加工表面的廓形，二是因为它制造容易，刃磨简单，后刀面经过加工后，刀具寿命高，被加工表面质量好。

③ T 形槽铣刀如图 2-17g 所示，是用来加工 T 形槽的专用铣刀，一般在立式铣床上使用。加工 T 形槽之前，需要提前加工出一条深槽，槽宽必须大于铣刀柄部直径，以便加工时容纳刀柄。

④ 燕尾槽铣刀如图 2-17h 所示，主要用于铣削燕尾槽。

⑤ 指状铣刀如图 2-17i 所示，主要用于铣齿。

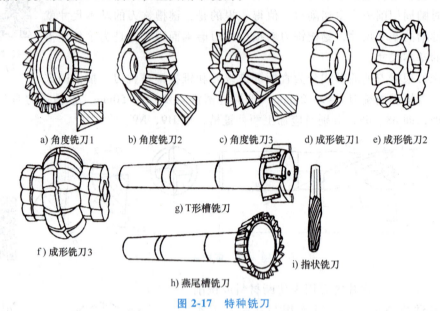

a) 角度铣刀1　　b) 角度铣刀2　　c) 角度铣刀3　　d) 成形铣刀1　　e) 成形铣刀2

g) T形槽铣刀

f) 成形铣刀3

i) 指状铣刀

h) 燕尾槽铣刀

图 2-17　特种铣刀

（8）**模具铣刀**　模具铣刀用来加工模具型腔或凸模成形表面，金属切除率高，一般用于精铣。它由立铣刀演变而来，安装在数控机床上，广泛用于模具加工，应用非常广泛。根据刀具材料，模具铣刀可分为整体高速钢模具铣刀、整体硬质合金模具铣刀、可转位硬质合金模具铣刀、硬质合金旋转锉等；其中切削部分为球头的模具铣刀，可以沿着球头任何一个半径方向无障碍快速进给，这在刀具的发展过程中，是一个里程碑。

整体高速钢模具铣刀（图 2-18）根据其切削部分的结构可分为圆锥形整体高速钢模具铣刀、圆柱形球头整体高速钢模具铣刀、圆锥形球头整体高速钢模具铣刀等，其中圆柱形球头整体高速钢模具铣刀因为制造简单，使用方便，适应性强，所以应用最为广泛。

整体硬质合金模具铣刀造价昂贵，适用于高速、大进给铣削加工，加工表面质量高，主要应用于精铣模具型腔。

可转位球头硬质合金模具铣刀前端装有 1 片或 2 片可转位刀片，有两个圆弧切削刃，主要用于高速粗铣和半精铣，如图 2-19 所示。

硬质合金旋转锉可取代金刚石锉刀和磨头来加工淬火后硬度小于 65HRC 的各种模具，切削效率非常高，如图 2-20 所示。

（9）**螺旋槽铣刀**　螺旋槽铣刀是用来专门加工螺旋槽的铣刀。铣削时，铣刀旋转做主运动，工件一边绕自身轴线旋转进给，一边沿自身轴向直线进给，这两个进给运动之间有严格的运动关系。一些大直径的麻花钻上的螺旋槽就是用螺旋槽铣刀在专用机床上加工的。

5. 铣刀的材料

铣削过程中铣刀的切削刃部分要经受很大的切削力和很高的温度，对铣刀的基本要求是；要有较高的硬度和耐磨性。铣刀切削部分的硬度要高于被切削工件的硬度，要确保刀具不易磨损，有合理的使用寿命；要有足够的强度和韧性，在承受冲击和振动的条件下仍能继续切削，不易崩刃和脆裂；要有良好的热硬性，在高温下仍能保持较高的硬度；要有良好的工艺性，便于制造各种复杂的刀具。常用铣刀的材料有高速工具钢（如 W18Gr4V、W6Mo5Cr4V2、W9Mo3Cr4V 等）和硬质合金（如 P 类、K 类、M 类等）两种。通常情况下，采用一般的铣削用量进行普通铣削时，采用高速钢铣刀，当需要较大的铣削用量时，采用硬质合金铣刀。

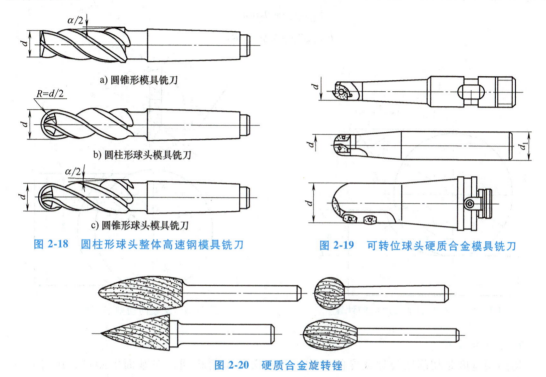

a) 圆锥形模具铣刀

b) 圆柱形球头模具铣刀

c) 圆锥形球头模具铣刀

图 2-18　圆柱形球头整体高速钢模具铣刀　　　　图 2-19　可转位球头硬质合金模具铣刀

图 2-20　硬质合金旋转锉

6. 切削层厚度

切削层厚度是切削层公称厚度的简称，是指铣刀上相邻两个刀齿所形成的切削表面间的垂直距离，用符号 h_D 表示。无论是周铣还是端铣，铣削时的切削层厚度都是变化的，如图 2-21 所示。

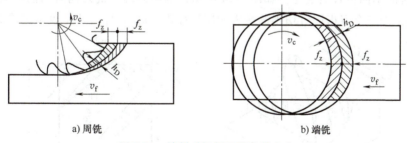

a) 周铣　　　　　　　　　　　　　　b) 端铣

图 2-21　铣削时切削层厚度的变化

（1）在周铣中　如图 2-22 所示，当 $\theta = 0°$ 时，$h_D = 0$；当 $\theta = \psi_i$ 时，h_D 最大。因此周铣时削层厚度的计算公式为：

$$h_D = f_z \sin\theta \tag{2-1}$$

$$h_{Dmax} = f_z \sin\psi_i \tag{2-2}$$

式中　θ——铣刀刀齿瞬时转角；

　　　ψ_i——铣刀接触角度。

（2）在端铣中　如图 2-23 所示，当 $\theta = 0°$ 时，h_D 最大；当 $\theta = \psi_i$ 时，h_D 最小。因此，端铣时切削层厚度的计算公式为：

$$h_D = f_z \cos\theta \sin\kappa_r \tag{2-3}$$

$$h_{Dmin} = f_z \cos\psi_i \sin\kappa_r \tag{2-4}$$

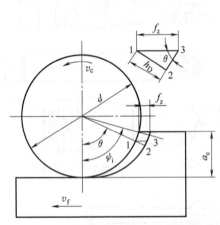

图 2-22　周铣时切削层厚度的计算

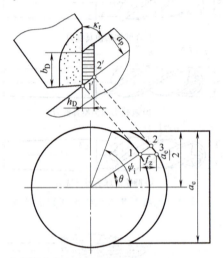

图 2-23　端铣时切削层厚度的计算

7. 切削层宽度

切削层宽度是切削层公称宽度的简称，其定义与车削相同，在基面中测量，用符号 b_D 表示。直齿圆柱铣刀的切削层宽度等于背吃刀量（铣削深度），即 $b_D = a_p$。面铣刀的单个刀齿类似于车刀，因此，其切削层宽度

$$b_D = a_p / \sin\kappa_r \tag{2-5}$$

螺旋齿圆柱铣刀的一个刀齿，不仅其切削层厚度随刀齿的不同位置而变化，而且其切削宽度也随刀齿的不同位置而变化。如图 2-24 所示，螺旋齿圆柱铣刀同时切削的齿数有三个。h_{D1}、h_{D2}、h_{D3} 为三个刀齿同时切得的最大切削层厚度；b_{D1}、b_{D2}、b_{D3} 表示三个刀齿不同的

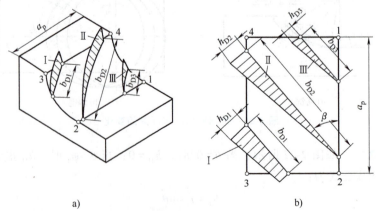

a)　　　　　　　　　　　　　　　b)

图 2-24　螺旋齿圆柱铣刀的切削层宽度

切削层宽度。从图中可知，对一个刀齿而言，在刀齿切入工件后，切削层宽度由零逐渐增大到最大值，然后又逐渐减小至零，即无论刀齿切入还是切出工件，都有一个平缓的量变过程，所以螺旋齿圆柱铣刀比直齿圆柱铣刀的铣削过程平稳。

8. 切削层横截面积

铣刀每个刀齿的切削层横截面积 $A_D = h_D b_D$，铣刀的总切削层横截面积应为同时参加切削的刀齿切削层横截面积之和。但是，由于铣削时铣刀的切削层厚度、切削层宽度及工作齿数均随时间而变化，因而总切削面积 $\sum A_D$ 也随时间而变化，使得计算较为复杂。为了计算简便，常采用平均切削层横截面积 A_{Dav} 这一参数，其计算公式为：

$$A_{Dav} = \frac{Q}{v_c} = \frac{a_p a_e v_f}{\pi dn} = \frac{a_p a_e f_z z_e}{\pi d} \tag{2-6}$$

式中　Q——材料切除率（mm^3/min）；z_e 为铣刀的工作齿数。

9. 铣削层参数

铣削时，铣刀同时有几个刀齿参加切削，每个刀齿所切下的切削层，是铣刀相邻两个刀齿在工件切削表面之间形成的一层金属。切削层剖面的形状与尺寸对铣削过程中的一些基本规律（切削力、断屑、刀具磨损等）有着直接影响。

顺铣

10. 铣削方式

根据铣削时所用切削刃位置的不同，铣削方式分为周铣和端铣；根据铣刀旋转方向与工件进给方向的关系，铣削方式分为顺铣和逆铣。

（1）周铣　用铣刀圆周上的切削刃进行铣削的方法称为周铣。如用立铣刀、圆柱铣刀铣削各种不同的表面就是周铣。根据铣刀旋转方向与工件进给方向的关系，可将周铣分为顺铣和逆铣两种方式，如图2-25所示。

逆铣

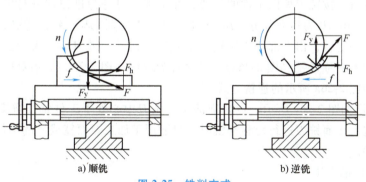

a）顺铣　　　　b）逆铣

图2-25　铣削方式

1）顺铣：在切削部位铣刀的旋转方向与工件进给方向相同的铣削方式为顺铣。

2）逆铣：在切削部位铣刀的旋转方向与工件进给方向相反的铣削方式为逆铣。

3）顺铣与逆铣的特点：

① 由于工作台进给丝杠与螺母间存在间隙，顺铣时水平铣削力 F_h 与进给方向一致，会使工作台在进给方向上产生间歇性的窜动，使切削不平稳，以致引起打刀、工件报废等危害；而逆铣时水平铣削力 F_h 的方向正好与进给方向相反，可避免因丝杠与螺母间的间隙而引起的工作台窜动。

② 顺铣时，作用在工件上的垂直铣削分力 F_y 始终向下，有压紧工件的作用，故铣削平稳，对不易夹紧的工件及狭长与薄板形工件的铣削较适合。逆铣时，垂直分力 F_y 方向向上，有把工件从台上挑起的趋势，影响工件的夹紧。

③ 顺铣时，切削刃始终从工件的外表切入，因此铣削表面有硬皮的毛坯时，顺铣易使刀具磨损；逆铣时，切削刃不是从毛坯的表面切入，表面硬皮对刀具的磨损影响较小，但开始铣削时刀齿不能立刻切入工件，而是一面挤压加工表面，一面滑行，使加工表面产生硬化，不仅使刀具磨损加剧，并且使加工表面粗糙度增大。

综上所述，周铣时一般都采用逆铣，特别是粗铣；精铣时，为提高工件表面质量，可采用顺铣，如果工作台丝杠与螺母间有间隙补偿或调整机构，顺铣更具有优势。

不对称逆铣

（2）端铣 用分布在铣刀端面上的切削刃进行铣削的方法称为端铣。根据铣刀在工件上的铣削位置，端铣可分为对称端铣与不对称端铣两种方式，如图 2-26 所示。

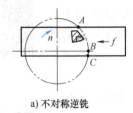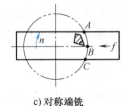

不对称顺铣

a) 不对称逆铣　　　　b) 不对称顺铣　　　　c) 对称端铣

图 2-26　面铣刀的对称铣和不对称铣

1) 不对称端铣如图 2-26a、b 所示。在切削部位，铣刀中心偏向工件铣削宽度一边的端铣方式，称为不对称端铣。

对称端铣削

不对称端铣时，按铣刀偏向工件的位置，在工件上可分为进刀部分与出刀部分。图 2-26a 中 AB 为进刀部分，BC 为出刀部分。按顺铣与逆铣的定义，显然，进刀部分为逆铣，出刀部分为顺铣。不对称端铣时，进刀部分大于出刀部分时，称为不对称逆铣（图 2-26a）；反之称为顺铣（图 2-26b）。不对称端铣通常应采用图 2-26a 所示的逆铣方式。

2) 对称端铣如图 2-26c 所示。在切削部位，铣刀中心处于工件铣削宽度中心的端铣方式称为对称端铣。用面铣刀进行对称端铣时，只适用于加工短而宽或厚的工件，不宜铣削狭长形较薄的工件。

11. 选择铣刀的方法

不等齿距铣刀的刀齿间距不相等，使用这种铣刀能避免谐振，从而提高切削的稳定性，这在做大切宽和长悬伸铣削时特别有用。面铣刀通常有 3 种不同的齿距：疏齿距 L、密齿距 M 和超密齿距 H。

1) 不同负载情况下，铣刀刀片的选择方法，如图 2-27 所示。

2) 不同工况条件下，铣刀刀片的选择方法，如图 2-28 所示。

3) 铣刀片刀的主偏角，如图 2-29 所示。其选择方法：90°主偏角适用于薄壁、装夹较差的工件，45°主偏角是普通工序的首选，可降低大悬伸切削时的振动，减小切屑厚度，提高生产率。

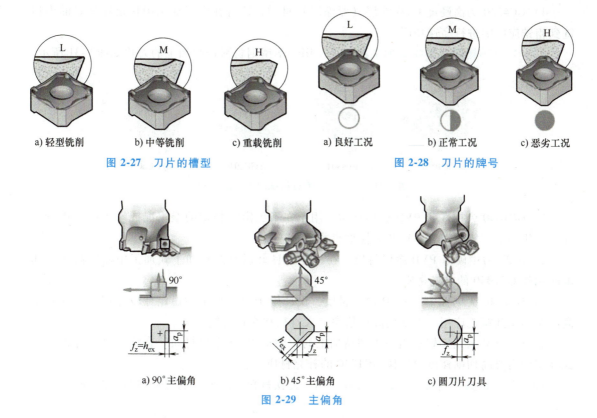

a) 轻型铣削　　b) 中等铣削　　c) 重载铣削

图 2-27 刀片的槽型

a) 良好工况　　b) 正常工况　　c) 恶劣工况

图 2-28 刀片的牌号

a) 90°主偏角　　b) 45°主偏角　　c) 圆刀片刀具

图 2-29 主偏角

2.1.4 新技术新工艺

1. 新型铣刀材料

（1）用于钢件铣削的刀片和材质　GC4330 和 GC4340 是针对钢件铣削优化的 CVD 材质，能够显著延长刀具寿命并提高加工安全性。GC4330 是粗铣到半精面铣的首选，GC4340 则是粗方肩铣和槽铣的首选。钢件铣削加工刀片如图 2-30 所示。

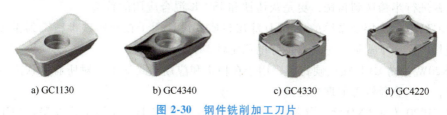

a) GC1130　　b) GC4340　　c) GC4330　　d) GC4220

图 2-30 钢件铣削加工刀片

1）GC1130 为采用 Zertivo™ 技术的高硬度 PVD 涂层材质，用于各种切削加工。适用于湿式和干式加工中稳定性一般的轻载粗加工到精加工，更是复杂刀具路径和黏性材料的理想选择。

2）GC4340 为高强度 CVD 涂层（中厚涂层）材质，适用于湿式和干式加工中对强度要求高的中等到粗铣应用。

3）GC4330 为中硬 CVD 涂层（中到厚涂层）材质，设计用于湿式和干式加工中一般切削工况下的半精铣到粗铣应用。

4）GC4220 为高硬度 CVD 涂层（厚涂层）材质，适合在干式加工中稳定性良好的半精铣到粗铣应用中进行高速切削。

（2）用于不锈钢材料铣削加工的刀片　用于不锈钢材料铣削加工的刀片如图 2-31 所示。

a) GC1040　　　b) S30T　　　c) GC2040　　　d) GC2030

图 2-31　用于不锈钢材料铣削加工的刀片

1）GC1040 为韧性薄 PVD 涂层材质，用于在不稳定到稳定的湿工况或干工况下进行精加工到粗加工。复杂刀具路径和黏性材料的理想选择。

2）S30T 为中硬薄 PVD 涂层材质，在稳定性良好以及湿式和干式加工中需要高切削速度时用作 GC1040 的补充材质。

3）GC2040 为韧性中厚 CVD 涂层材质，设计用于干式加工中稳定性较差但对韧性要求高的半精铣到粗铣应用。可采用高进给率、大直径和大径向吃刀量。

4）GC2030 为用于轻载粗加工到精加工的中硬薄 PVD 涂层材质。在稳定性良好以及干式加工中需要高切削速度时用作 GC1040 的补充材质。

（3）用于铸铁材料铣削加工的刀片　用于铸铁材料铣削加工的刀片如图 2-32 所示。

a) GC3330　　b) GC3220　　c) K20W　　d) GC1020　　e) GC3040　　f) GCK20D

图 2-32　用于铸铁材料铣削加工的刀片

1）GC3330 为厚 CVD 涂层材质，设计用于在一般到稳定工况下，应用干式或湿式加工对所有铸铁进行半精铣到粗铣，更是灰铸铁和 ISO K 混合应用的首选。

2）GC3220 为涂层非常厚的硬 CVD 涂层材质，设计用于在灰铸铁半精铣到粗铣应用中进行高速切削，在干式加工时具有良好的稳定性。

3）K20W 为薄 CVD 涂层硬材质，用于在稳定和应用湿式加工下对所有铸铁进行精铣到轻载粗铣，是大直径铣刀的理想之选。

4）GC1020 为薄 PVD 涂层硬材质，在一般到稳定工况下，应用干式或湿式加工球墨铸铁，以及应用湿式加工方法对灰口铸铁进行轻载粗加工到精加工，是加工球墨铸铁和/或小直径铣刀的首选。

5）GC3040 为中硬厚 CVD 涂层材质，设计用于干式加工中对强度要求高的灰铸铁进行半精铣到粗铣应用。

6）GCK20D 为涂层非常厚的硬 CVD 涂层材质，设计用于在灰铸铁半精铣到粗铣应用中进行高速切削，在干式加工时具有良好的稳定性。

（4）用于有色金属铣削加工的刀片　用于有色金属铣削加工的刀片如图 2-33 所示。

1）H13A 为硬质无涂层材质，用于在一般稳定情况下通过锋利的切削刃进行粗铣到半精铣，在湿式和干式加工中可确保出色的表面质量。

2）CD10 为多晶金刚石镶焊材质（PCD），具有锋利的切削刃，

a) H13A   b) CD10   c) H10

图 2-33 用于有色金属铣削加工的刀片

用于在对表面质量和加工稳定性要求高的湿式和干式加工的稳定工况下进行轻载粗铣到精铣，是腐蚀性材料的理想选择。

3）H10 为非常硬的无涂层材质，用于在对表面质量要求高的湿式和干式加工的稳定工况下通过锋利的切削刃进行轻载粗铣到精铣。

（5）用于钛合金和 HRSA 材料铣削加工的刀片 用于钛合金和 HRSA 材料铣削加工的刀片如图 2-34 所示。

a) S30T   b) GC1130   c) S40T   d) GC1010

图 2-34 用于钛合金和 HRSA 材料铣削加工的刀片

1）S30T 为中硬薄 PVD 涂层材质，一种针对钛合金铣削的经过优化的 PVD 涂层硬质合金，特别适用于精加工到轻载粗加工。这种薄涂层使非常锋利的切削刃具有抗疲劳和抗微崩刃的性能，从而使切削刃能以更高的切削速度更长时间地连续切削。

2）GC1130 为采用 Zertivo™ 技术的硬质薄 PVD 涂层材质，在长时间连续切削时用作 S30T 的补充材质。既可用于湿式加工，又可用于干式加工。

3）S40T 为韧性非常高的中厚 CVD 涂层材质，用于在对韧性要求高的应用中进行粗铣。既可用于湿式加工，又可用于干式加工。

4）GC1010 为非常硬的薄 PVD 涂层材质，用于非常稳定湿工况或干工况下进行精铣。

2. 铣削新技术

（1）铣削加工中的内冷加工技术 铣削加工中应用内冷加工技术如图 2-35 所示。

（2）铣削加工中的新方法 铣削加工中的新方法如图 2-36 所示。

图 2-35 内冷加工技术

（3）降低刀杆振动 许多工件和机床都需要长的刀具来满足大型零件的加工，这会带来较高的振动风险，慢速加工或减振铣削连杆（图 2-37）是适合采取的措施。使用 Silent 刀具可以消除颤动和振动，从而提高加工效率和工艺安全性，生产率最少提高 50%（对于最短的接杆长度），最多提高 300%（对于较长的接杆），提高表面质量，提高加工安全性。模块化总成能够达到所需的悬伸长度，极广的功能范围涵盖所有材料和应用场合。

a) 方肩铣   b) 台阶铣   c) 高进给铣削

d) 仿形铣   e) 切断切槽   f) 整体铣削可更换刀头

g) 倒角铣削   h) 铣齿   i) 多任务加工

图 2-36　铣削加工中的新方法

图 2-37　减振铣削连杆

（4）新型先进刀具　铣齿刀具如图 2-38 所示，面铣刀如图 2-39 所示，仿形铣刀如图 2-40 所示。

图 2-38　铣齿刀具

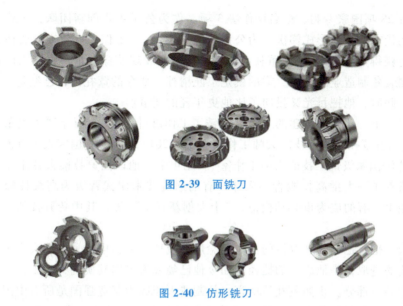

图 2-39 面铣刀

图 2-40 仿形铣刀

任务 2.2 安装铣刀、调整铣床并对刀

2.2.1 任务描述

安装铣刀、调整铣床并对刀。

【知识目标】

1. 能正确选择铣床并安装工件。
2. 能选择铣刀、装刀并准确对刀。

【能力目标】

1. 能正确选择铣床并安装工件。
2. 能选择铣刀、装刀并准确对刀。

【素养目标】

1. 培养学生以德为先、爱岗敬业，具有社会责心。
2. 提升学生安全意识、质量意识、创新思维、热爱劳动。

【素养提升园地】

一枝独秀不是春，百花齐放春满园

正是董礼涛的无私奉献，为公司培养了很多人才。十几年前，董礼涛成立铣工工作研讨小组，如今已发展为"国家级技能大师"工作室。截至目前，工作室已完成各类创新成果

近百项，取得 28 项国家专利、命名操作法 3 项。作为公司主要创新团队，工作室不仅加快了产品更新换代节奏，还形成梯次，为公司储备了人才。"工作室有肯专、善改、能拼的工作态度，才能获得如今的成绩"，董礼涛说。老师傅要展现榜样力量，青年人应迸发拼搏热情，挺起中国装备制造业的脊梁，靠的就是工匠精神。如今的董礼涛，已经是一名名副其实的大国工匠。此时，他把目光又投向了比他更年轻的同事们。

在公司倡导下，他牵头组建的"董礼涛铣工工作研讨小组"，历经"哈汽董礼涛创新工作室""黑龙江省董礼涛铣工技能大师工作室"后，2013 年，又获国家人力资源和社会保障部命名"董礼涛国家级铣工技能大师工作室"。几年来，他以国家技能大师工作室为孵化基地，为企业培养了一大批高技能青年人才，有的通过技术比武晋级为高级技师，有的获得市、省技术能手，有的成为市劳动模范，"十大创新青年"等，其中晋升技师、高级技师的就有 26 名。

工作之余，他又把多年来取得的工作经验进行梳理，编辑成册，供广大青工参考。不断的创新，忘我的进取，是他成功的捷径。如今他已经成为名副其实的央企工匠，操作机床也已成为生命中的一部分。正如董礼涛所言，从制造大国成为制造强国是所有中国产业工人共同的梦想。作为产业报国的大国工匠，董礼涛正怀揣自己的梦想，在由"中国制造"迈向"中国创造"的征程上大步前行。

2.2.2 任务实施

1. 圆柱铣刀的安装
圆柱铣刀的安装步骤见表 2-2。

表 2-2　圆柱铣刀的安装步骤

步骤	图示	说明
1. 检查刀架		调整横梁,检查卧式铣床刀架,并清理干净
2. 安装圆柱铣刀		将圆柱铣刀固定在刀杆上,并紧固
3. 锁紧刀架		锁紧刀架,并紧固

（续）

步骤	图示	说明
4. 调整机床的位置		缓慢升起机床工作台使得工件和圆柱铣刀接近
5. 试切		试切工件，记录位置
6. 退刀		向外退出面铣刀

2. 面铣刀对刀

面铣刀对刀步骤见表2-3。

表 2-3　面铣刀对刀步骤

步骤	图示	说明
1. 清理机床工作台面		用毛刷清理机场工作台面
2. 装工件	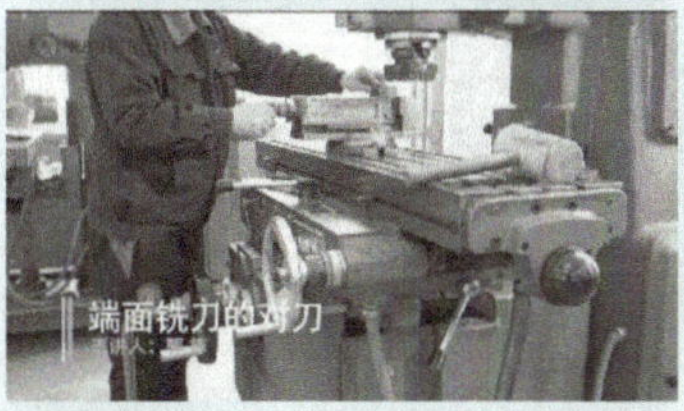	用机用虎钳装夹工件
3. 起动机床并调整机床	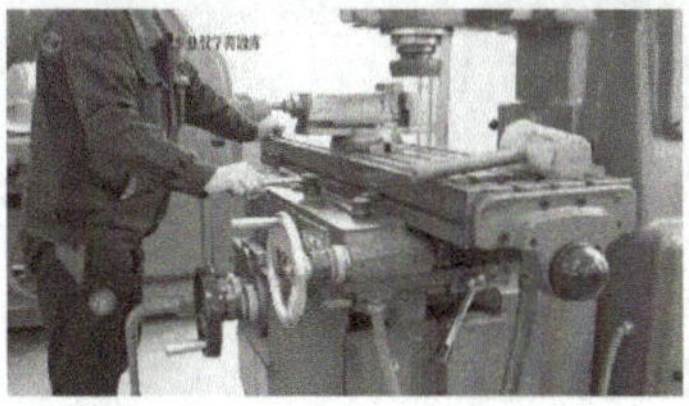	起动机床并横向纵向调整机床至正确的位置

（续）

步骤	图示	说明
4. 试切	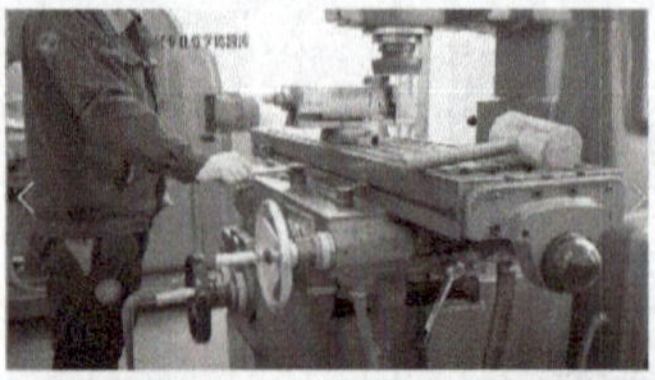	缓慢上升工作台，使工件和面铣刀相接触进行试切，并记录此时的位置，测量记录数据
5. 退刀		向外退出面铣刀

3. 键槽铣刀对刀

键槽铣刀对刀步骤见表 2-4。

表 2-4　键槽铣刀对刀步骤

步骤	图示	说明
1. 起动机床调整位置		清理机床工作台面并起动机床，调整工作台面位置使得刀具和工件接触
2. 试切	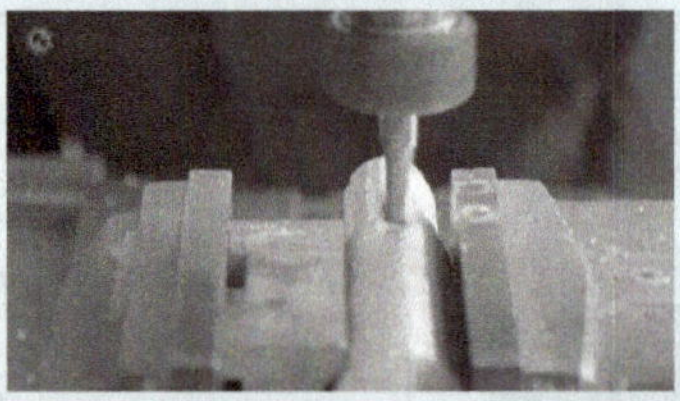	使工件和刀具轻微接触，观察刀具的位置是否对中
3. 调节刀具位置		调节刀具位置使其对中并试切
4. 记录位置点		记录刀具当前位置点坐标值

（续）

步骤	图示	说明
5. 退刀		向后退出刀具

4. 检查与考评

（1）检查

1）学生自行检查工作任务完成情况。

2）小组间互查，进行方案的技术性、经济性和可行性分析。

3）教师专查，进行点评，组织方案讨论。

4）针对问题进行修改，确定最优方案。

5）整理相关资料，归档。

（2）考评

考核评价按表2-5中的项目和评分标准进行。

表 2-5 评分标准

序号	考核评价项目		考核内容	学生自检	小组互检	教师终检	配分	成绩
			任务 2.2　安装铣刀、调整铣床并对刀					
1	全过程考核	知识能力	相关知识点的学习				20	
			能正确安装圆柱铣刀、面铣刀、键槽铣刀					
			能调整铣床并准确对刀					
			掌握操作规范及文明生产					
2		技术能力	信息搜集，自主学习，分析解决问题，归纳总结及创新能力				40	
3		素养能力	以德为先、爱岗敬业、强化社会责任感 安全意识、质量意识、创新思维、热爱劳动				20	
4			任务单完成				10	
5			任务汇报				10	

2.2.3 知识链接

1. 常用铣床的型号与参数

常用铣床的型号与参数见表2-6。

2. 铣床的调整

要调整铣床，首先要了解铣床结构，熟悉铣床操作。立式升降台铣床的主轴是竖直的，简称立铣。图2-41所示是XK5040-1型数控立式升降台铣床的外形图。立式床身装在底座上，床身上装有主轴箱，滑动立铣头可以升降。升降台可沿床身的竖导轨做 Z 向的升降运动。升降台上右滑座和工作台可作 X 向的纵向运动和 Y 向的横向运动。悬挂式控制台上装有操作按钮和开关。立铣床上可以加工平面、斜面、沟槽、台阶、齿轮、凸轮以及封闭轮廓表面等。

表 2-6　常用铣床型号与参数

铣床参数 铣床型号	主轴锥度	主轴转速范围 /(r/min)	工作台行程 /mm	主电动机功率 /kW	进给电动机功率 /kW
X5032	7:24	18 级:30~1500	320×1250	7.5	1.5
X63	7:24	18 级:30~1500	330×880	11	3
X2010	7:24	18 级:30~1500	100×2000	7.5	3
X3010	7:24	10 级:100~2000	$\phi200\sim\phi1000$	11	2.2

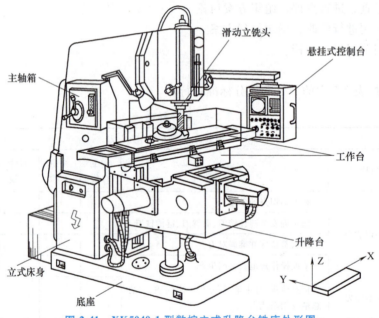

图 2-41　XK5040-1 型数控立式升降台铣床外形图

3. 安装、拆卸铣刀

铣刀的安装与拆卸是铣削加工任务中的基本技能。铣床主轴前端是 7:24 锥度的锥孔，刀具通过该锥孔定位在主轴上。锥孔内备有拉杆，通过拉杆可将刀具拉紧。下面将从卧式铣床用铣刀和立式铣床用铣刀两方面介绍一下各种铣刀的安装与拆卸。

（1）卧式铣床用铣刀的安装与拆卸

1）卧式铣床用铣刀在铣床上安装的操作步骤如下：

① 先将床头的主轴安装孔用棉纱擦拭干净，按照刀具孔的直径选择标准刀杆。铣刀杆常用的标准尺寸有 $\phi32mm$、$\phi27mm$、$\phi22mm$。把刀杆推入主轴孔内，右手将铣刀杆的锥柄装入主轴孔，此时铣刀杆上的对称凹槽应对准床体上的凸键，左手转动主轴孔的拉紧螺杆（简称拉杆），使其前端的螺纹部

圆柱铣刀安装

分旋入刀杆的螺纹孔。用扳手旋紧拉杆（提示：用扳手紧固拉杆时必须把主轴转速放在空档位并夹紧主轴），如图 2-42 所示。

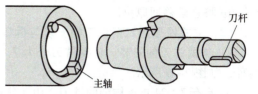

图 2-42 卧式铣床铣刀刀杆的安装

② 将刀杆口、刀孔、刀垫等擦拭干净，根据工件的位置选择合适尺寸的刀垫，推入刀杆，放好刀垫、刀具，旋紧刀杆螺母，如图 2-43 所示。特别注意的是，铣刀的切削刃应和主轴旋转方向一致，在安装圆盘铣刀时，如锯片铣刀等，由于铣削力比较小，所以一般在铣刀与刀轴之间不安装键，此时应使螺母旋紧的方向与铣刀旋转方向相同，否则当铣刀在切削时，将由于铣削力的作用会使螺母松开，导致铣刀松动。另外，若在靠近螺母的一个垫圈内安装一个键，则可避免螺母松动和拆卸刀具时螺母不易拧开的现象。

③ 将铣床悬梁调整到对应的位置。双手握住挂架，将其挂在铣床横梁导轨上，如图 2-44 所示。

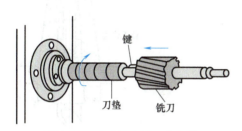

图 2-43 卧式铣床铣刀的安装

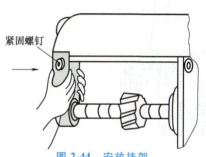

图 2-44 安放挂架

④ 旋紧刀轴的螺母，把铣刀固定。需注意的是，必须把挂架装上以后，才能旋紧此螺母，以防把刀轴扳弯。用扳手旋紧挂架左侧螺母，再把刀杆螺母用扳手旋紧。把注油孔调整到过油的位置。在旋紧螺母时要把主轴开关放在空位档，并把主轴夹紧开关置于夹紧位置。夹紧主轴时，注意手部不要碰到铣床横梁，避免手部碰伤，向内搬动扳手，如图 2-45 所示。

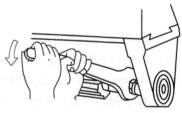

图 2-45 用扳手旋紧螺母

2）卧式铣床用铣刀的拆卸，基本按照安装过程反向操作。

① 松开铣刀。首先松开夹紧螺母，在旋松螺母时要把主轴开关放在空位挡，并把主轴夹紧开关放在夹紧位置，注意手部不要碰到铣床横梁，避免手部碰伤，逆时针旋松螺母。

铣刀的装卸

② 松开挂架。逆时针旋松挂架螺母，移出挂架。

③ 拆卸铣刀。将夹紧铣刀螺母旋下，移出铣刀刀垫，卸下铣刀。

④ 将移出的铣刀刀垫安装回刀杆，旋上螺母。

⑤ 拆卸铣刀刀杆。松开拉杆螺母，轻击拉杆使铣刀刀杆松动，旋下拉杆，移出铣刀刀杆。

⑥ 将悬梁移回原位。

（2）立式铣床用锥柄铣刀的安装与拆卸

1）锥柄铣刀的安装。锥柄铣刀分为 7∶24 锥度的锥柄面铣刀和莫氏锥度的锥柄立铣刀两种，如图 2-46 所示。

① 具有 7∶24 锥度锥柄的铣刀，由于铣床主轴锥孔的锥度与铣刀柄部的锥度相同，所以只要把铣刀锥柄和主轴锥孔擦拭干净后，把铣刀直接装在主轴上，用拉杆把铣刀紧固即可。

② 对于莫氏锥度的锥柄铣刀，铣床主轴的锥孔与铣刀的锥度不同，需要采用中间套（或采用弹簧夹头）过渡，中间套的内孔是莫氏锥度，其外圆锥柄锥度为 7∶24，即中间套的锥孔与铣刀锥柄同号，而其外圆与机床主轴锥孔相同，通过中间套的过渡，就可以把铣刀安装在铣床主轴上，如图 2-47 所示。

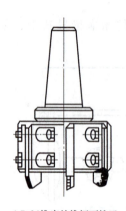
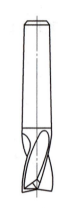

a) 7∶24锥度的锥柄面铣刀　　　　b) 莫氏锥度的锥柄立铣刀

图 2-46　锥柄铣刀

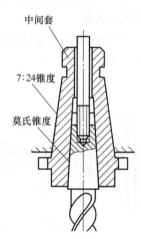

图 2-47　莫氏锥柄铣刀通过
中间套装夹在主轴上

2）锥柄铣刀的拆卸。将上述锥柄铣刀的安装步骤进行反向操作，即可把锥柄铣刀拆卸下来。

① 旋松拉杆螺母，用手锤由上往下轻击拉杆，使铣刀或夹套松动。

② 用棉纱垫在夹套端面或铣刀上，以防铣刀切削刃划伤手。取下拉杆，拿下铣刀或夹套。

③ 卸下铣刀。用两块平行垫块垫住夹套端面，用手锤由上往下轻击，使铣刀松动，取下铣刀，或把拉杆旋上，然后旋松拉杆螺母使其脱离铣刀，取下铣刀。

（3）立式铣床用直柄立铣刀的安装与拆卸

直柄立铣刀安装在立式铣床上，如图 2-48 所示。

1）直柄立铣刀的安装。在立式铣床上采用弹簧夹头装夹直柄立铣刀如图 2-48b 所示。弹簧夹头的种类很多，结构大同小异，一般根据机床的型号选用。铣刀直柄放在弹簧夹头孔中，旋紧弹簧夹头螺母即可夹紧刀具。

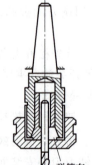

直柄铣刀安装

a) 直柄立铣刀　　　　b) 弹簧夹头装夹直柄立铣刀

弹簧套

图 2-48　直柄立铣刀及其装夹

操作步骤如下:

① 根据直柄立铣刀柄部的外圆尺寸选择一个弹簧夹头,其弹簧套的内孔尺寸与直柄立铣刀柄部直径尺寸相同。

② 用棉纱擦拭干净直柄立铣刀柄部和弹簧套接触面。将直柄立铣刀刀柄放在弹簧夹头孔中,把弹簧夹头的夹紧螺母旋紧,用机床主轴拉钉上紧刀具。

③ 开动铣床,检查铣刀的径向跳动是否符合要求。若跳动太大,则应拆下重新安装,并检查出造成跳动过大的原因。

2) 直柄立铣刀的拆卸。

① 用夹头扳手松开夹紧螺母,用棉纱包住铣刀,用手将铣刀拔出即可。

② 如果要换夹不同柄部尺寸的直柄立铣刀,则需把夹头的弹簧套取出,更换弹簧套的尺寸规格,否则卸下直柄立铣刀后不用取出弹簧套。

4. 铣削对刀

铣削加工前,一定要对刀。下面以铣削平面为例,讲述一下铣削对刀过程。根据生产批量的不同,对刀方法分为试切法和调整法。

立铣刀铣
沟槽对刀

(1) 试切法 试切前,使铣刀按照选定的转速旋转,将工件手动调整至铣刀下方,然后手动调整铣刀缓慢下降,直到轻轻擦切上工件上表面为止,此时记住铣刀的 Z 轴坐标,再将铣刀快速升起。调整工件位置偏离铣刀正下方,降下铣刀,使铣刀在刚才 Z 轴坐标的基础之上,再向下移动一个选定的切削余量,此时再调整工件方位,向着铣刀进给,完成整个平面的铣削任务。

试切法适用于单件小批生产,每件生产之前都要对刀,对操作人员的操作技能要求较高,对刀辅助时间长。

(2) 调整法 调整法是在专用夹具上,借助对刀块和对刀垫进行对刀的一种方法。与试切法有以下两点不同:

1) 调整法对刀时,铣刀是静止的。

2) 调整法对刀时,铣刀接触的是对刀块上的对刀垫。

一个批次的零件加工,只需要在加工首件时,进行对刀,省去了加工后面零件的对刀时间。

5. 铣工安全操作规程

1) 生产实习前应对所使用机床作如下检查:

① 各手柄原始位置是否正常;②各进给手柄,进给运动和进给方向是否正常;③各进给方向自动进给止动挡铁是否在限位柱内,是否紧牢;④进行机床主轴和进给系统的变速检查,使主轴和工作台进给由低速到高速运动,检查运动是否正常;⑤开动机床使主轴回转,检查齿轮是否甩油;⑥上述各检查完毕,如无异常,对机床各部注油润滑。

2) 不准戴手套操作机床,测量工件、更换刀具、擦拭机床。

3) 装卸工件、刀具,变换转速和进给量,测量工件,搭配配换齿轮,必须在停机状态进行。

4) 操作机床时,严禁离开岗位,不准做与操作内容无关的其他事情。

5) 工作台自动进给时,应脱开手动进给离合器,以防手柄随轴旋转伤人。

6) 不准两个进给方向同时自动进给。自动进给时,不准突然变换进给速度。自动进给完毕,应先停止进给,再停止主轴(刀具)旋转。

7) 高速铣削和刃磨刀具时必须戴防护眼镜。

8）切削过程中不准测量工件，不准用手触摸工件和加工表面。

9）操作中出现异常现象应及时停机检查，出现故障，事故应立即切断电源，及时申报，请专业人员检修，未修复时不得使用。

10）机床不使用时，各手柄应置于空档位置，各方向进给紧固手柄应松开，工作台应处于各方向进给的中间位置，导轨应适当涂润滑油。

11）工作完毕应随手关闭电源，必须整理工具并做好机床的清洁工作。

2.2.4　新技术新工艺

如果铣削工序要求在刀具寿命、生产率和零件精度等所有方面都实现最高性能，那么，整体铣削刀具是一项适当的解决方案。如要实现较高的金属去除率和极高的零件精度，可根据生产需要选择整体硬质合金立铣刀或可换刀头，可换头式立铣刀可确保在各种工序之间快速、轻松并且准确地进行切换，如图2-49所示。

图 2-49　可换刀头技术

CoroMil316系统可为从ISO P到ISO S共6个材料组零件的高进给面铣、槽铣螺旋插补铣、方肩铣、仿形铣削和倒角铣提供铣削解决方案。立铣刀甚至适用于5轴加工中的侧铣，使用内冷型ISO刀杆，切削液可达需要冷却的部位。切削液喷嘴可将切削液喷向切屑形成区域。更高效的切削温度控制可确保长的刀具寿命和加工稳定性，如图2-50所示。

图 2-50　槽铣腔体内冷技术

CoroMill 316系统配备在自定心螺纹基础上开发而成的可乐满EH接口，可确保可靠的安装以及最高的强度。该接口配有一个实体挡块，当切削头正确拧紧时很容易感觉到，并且有助于避免过度夹紧。

任务 2.3　确定铣削的切削用量

2.3.1　任务描述

为铣削定位板外轮廓选择合理的切削用量。

【知识目标】

1. 掌握选用铣削切削用量的原则。
2. 了解铣削定位板外轮廓的具体操作步骤。

【能力目标】

1. 选用铣削切削用量。
2. 能铣削定位板结合面并检验。

【素养目标】

1. 培养学生以德为先、爱岗敬业、开拓创新精神。
2. 提升学生安全意识、信息素养、民族自信心。

【素养提升园地】

加工出来的产品要像工艺品一样，精致完美

1989年，从哈尔滨汽轮机技校毕业的董礼涛成为一名铣工学徒。他每天干的，就是用铣刀对各种零部件进行平面、沟槽、孔的加工。生于平凡，却不甘于平凡。当时加工要求是将孔形位误差控制在 0.2mm 范围内，董礼涛却想能不能将它控制在 0.02mm 以内。为了实现这个在别人看来是"野心"的"小目标"，他利用各种休息时间，捧着书本仔细钻研，在铣床边反复试验。他开始提出了一些令师傅都认为大胆的、非常规的加工方法，正是这些"奇思妙想"提高了工作效率和产品质量。

他还将自己多年用心积累的铣床加工技法汇编成册，成为最实用的加工指导书。如今，他带的不少徒弟都在各类技术比武大赛中脱颖而出，成为生产中的骨干力量。董礼涛组建了工作小组，每天在微信群里分享实操案例和注意事项，吸引了 40 多名铣工一同研讨业务。"董礼涛国家级技能大师工作室"成立以来，承担了大量常规火电和核电产品、燃压机组和重点工程产品的中小部件制造攻关任务，取得了多项国家专利。

面对黑龙江省劳动模范、全国机械冶金行业技术能手、中华技能大奖等诸多荣誉，董礼涛始终保持朴素的平常心，他说："我没有觉得自己做得多优秀，我认为工作就应该这样做。同样一个毛坯，消耗同样的电能、辅料和机床损耗，干嘛不做一个精品。"

从普通一线工人到知名技能专家，从攻克技术瓶颈到步入行业领先水平，从担当企业责任到肩负国家使命，董礼涛走过了 30 多年的路程。如今，国产首台 65 万 kW 核电汽轮机、国产首台 100 万 kW 超超临界汽轮机、国产首台 30MW 燃压机组以及一系列国家重点工程项目中，都凝结着他的智慧和汗水。他要将铣削加工作为自己不懈奋斗的出发点，在助推我国制造业高质量发展的征程上稳步前行。

2.3.2 任务实施

1. 工艺准备

（1）加工方法的选择　根据零件图上的要求确定加工方法。

（2）加工设备的确定　根据铣床的特点和加工范围选择对应的铣床。

（3）**刀具的确定** 根据铣刀的种类和用途以及被加工面的特征选择相应的刀具（见任务 2.1 知识链接）。

（4）**铣削用量（切削用量）的确定** 根据加工方法、所选用的铣刀以及铣床选择相应的铣削用量。外轮廓面加工铣削用量选择见表 2-7。

表 2-7　外轮廓面加工铣削用量选择

工序	加工方法	a_p/mm	a_e/mm	f_z/(mm/r)	v_c/(m/min)
粗铣外轮廓面	周铣	35	3	0.12	250
精铣外轮廓面	周铣	35	1	0.1	150

（5）**切削液的使用** 根据加工方法、被加工材料选择相应的切削液。

2. 操作步骤

1）选择夹具，安装定位板零件。

2）开机前，调整铣刀与工件的相对位置，使铣刀离开工件一定距离。

3）开机，用调整法对刀（见任务 2.2 知识链接）。

4）开机，按照选定的铣削用量铣削平面（见任务 2.3 知识链接）。

5）检测平面加工的尺寸精度与表面质量。

3. 检查与考评

1）学生自行检查工作任务完成情况。

2）小组间互查。

3）教师专查，进行点评，组织方案讨论。

4）填写项目报告。

按表 2-8 中的项目和评分标准进行。

表 2-8　评分标准

序号	考核评价项目		考核内容	学生自检	小组互检	教师终检	配分	成绩
1	全过程考核	知识能力	能掌握切削用量的定义				20	
			能选择切削用量					
			能根据切削变形规律来解决实际生产中的问题					
2		技术能力	能正确选用切削用量 能熟练铣削零件外轮廓并检验 能分析切削过程中的切削规律，处理加工中的实际问题				40	
3		素养能力	以德为先、爱岗敬业、开拓创新精神 安全意识、信息素养、民族自信心				20	
4			任务单完成				10	
5			任务汇报				10	

任务 2.3　确定铣削的切削用量

2.3.3 知识链接

2.3.3.1 铣削用量及其选择方法

1. 铣削用量

切削速度、进给量和吃刀量是切削的三要素，总称为切削用量。铣削加工中的切削用量称为铣削用量，铣削用量包括铣削速度、进给速度和吃刀量，如图2-51所示。

（1）铣削速度 v_c 即铣刀旋转（主运动）的线速度，单位为 m/min，其计算公式为：

$$v_c = \frac{\pi d_0 n}{1000} \tag{2-7}$$

式中 d_0——铣刀的直径（mm）；

n——铣刀的转速（r/min）。

（2）进给速度 v_f 即单位时间内铣刀在进给运动方向上的相对工件的位移量，单位是 mm/min。进给速度也称为每分钟进给量。铣刀是多刃刀具，所以铣削进给量还分为每转进给量 f 和每齿进给量 f_z，其中 f 表示铣刀每转一转，铣刀相对工件在进给运动方向上移动的距离（mm/r）；f_z 表示铣刀每转一个刀齿，铣刀相对工件在进给运动方向上移动的距离（mm/z）。

每分钟进给量 v_f 与每转进给量 f、每齿进给量 f_z 之间的关系是：

$$v_f = fn = f_z z n \tag{2-8}$$

式中 n——铣刀主轴转速（r/min）；

z——铣刀齿数。

（3）吃刀量 一般指工件上已加工表面和待加工表面间的垂直距离。吃刀量是刀具切入工件的深度，铣削中的吃刀量分为背吃刀量 a_p 和侧吃刀量 a_e。

铣削背吃刀量 a_p 是通过切削刃基点并垂直于工作平面的方向上测量的吃刀量。它是平行于铣刀轴线方向测量的切削层尺寸，单位是 mm。例如，周铣中是指铣刀圆周在轴线方向的吃刀量，如图2-51a 所示；端铣中是指铣刀端面在轴线方向的吃刀量，如图2-51b 所示。

铣削侧吃刀量 a_e 是通过切削刃基点，平行于工作平面并垂直于进给运动方向上测量的吃刀量。它是垂直于铣刀轴线测量方向的切削层尺寸，单位是 mm。例如，周铣中是指铣刀径向（垂直于轴线方向）的吃刀量，如图2-51a 所示；端铣中铣刀径向（垂直于轴线方向）的吃刀量，如图2-51b 所示。

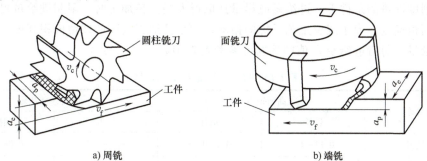

a）周铣   b）端铣

图 2-51 铣削运动及铣削用量

2. 铣削用量的选择方法

（1）选择铣削用量的注意事项

① 保证刀具有合理的使用寿命，有高的生产率和低的成本。

② 保证加工质量，主要是保证加工表面的精度和表面粗糙度达到图样要求。

③ 不超过铣床允许的动力和转矩，不超过工艺系统（刀具、工件、机床）的刚度和强度，同时又充分发挥它们的潜力。

上述三条，根据具体情况应有所侧重。一般在粗加工时，应尽可能发挥刀具、机床的潜力和保证合理的刀具寿命；精加工时，则首先要保证加工精度和表面粗糙度，同时兼顾合理的刀具寿命。

（2）选择铣削用量的顺序　在铣削过程中，如果能在一定的时间内切除较多的金属，就有较高的生产率。显然，增大吃刀量、铣削速度和进给量，都能增加金属切除量。但是，影响刀具寿命最显著的因素是铣削速度，其次是进给量，而吃刀量对刀具寿命的影响最小。所以，为了保证必要的刀具寿命，应当优先采用较大的吃刀量，其次是选择较大的进给量，最后才是根据刀具寿命要求，选择适宜的铣削速度。

（3）选择铣削用量

1）选择吃刀量。在铣削加工中，一般是根据工件待切削表面的尺寸来选择铣刀的。例如，用面铣刀铣削平面时，铣刀直径一般应选择得大于待切削表面宽度。若用圆柱铣刀铣削平面时，铣刀长度一般应大于工件待切削表面宽度。当加工余量不大时，应尽量一次进给铣去全部加工余量。只有当工件的加工精度要求较高时，才分粗铣、精铣进行。具体数值的选取可参考表 2-9。

表 2-9　铣削吃刀量的选取　　　　　　　　　　　　　　　（单位：mm）

工件材料	高速钢铣刀		硬质合金铣刀	
	粗铣	精铣	粗铣	精铣
铸铁	5~7	0.5~1	10~18	1~2
软钢	<5	0.5~1	<12	1~2
中硬钢	<4	0.5~1	<7	1~2
硬钢	<3	0.5~1	<4	1~2

2）选择每齿进给量 f_z。粗加工时，限制进给量提高的主要因素是切削力，进给量主要根据铣床进给机构的强度、刀杆刚度、刀齿强度以及机床、夹具、工件系统的刚度来确定。在强度、刚度许可的条件下，进给量应尽量选取得大些。精加工时，限制进给量提高的主要因素是表面粗糙度。为了减少工艺系统的振动，减小已加工表面的残留面积高度，一般选取较小的进给量。每齿进给量 f_z 值的选取可参考表 2-10。

表 2-10　每齿进给量 f_z 值的选取　　　　　　　　　　　（单位：mm/z）

刀具名称	高速钢刀具		硬质合金刀具	
	铸铁	钢件	铸铁	钢件
圆柱铣刀	0.12~0.2	0.1~0.15	0.2~0.5	0.08~0.20
立铣刀	0.08~0.15	0.03~0.06	0.2~0.5	0.08~0.20

（续）

刀具名称	高速钢刀具		硬质合金刀具	
	铸铁	钢件	铸铁	钢件
套式面铣刀	0.15~0.2	0.06~0.10	0.2~0.5	0.08~0.20
三面刃铣刀	0.15~0.25	0.06~0.08	0.2~0.5	0.08~0.20

3）选择铣削速度 v_c。在吃刀量 a 和每齿进给量 f_z 确定后，可在保证合理的刀具寿命的前提下确定铣削速度 v_c。

粗铣时，确定铣削速度必须考虑到铣床许用功率。如果超过铣床许用功率，则应适当降低铣削速度。精铣时，一方面应考虑合理的铣削速度，以抑制积屑瘤产生，提高表面质量。另一方面，由于刀尖磨损往往会影响加工精度，因此应选用耐磨性较好的刀具材料，并应尽可能使之在最佳铣削速度范围内工作。

铣削速度 v_c 值可在表 2-11 推荐的范围内选取，并根据实际情况进行试切后加以调整。

表 2-11　铣削速度 v_c 值的选取

工件材料	铣削速度 v_c/(m/min)		说明
	高速钢铣刀	硬质合金铣刀	
20	20~45	150~190	1）粗铣时取小值,精铣时取大值 2）工件材料强度和硬度较高时取小值,反之取大值 3）刀具材料耐热性好时取大值,反之取小值
45	20~35	120~150	
40Cr	15~25	60~90	
HT150	14~22	70~100	
黄铜	30~60	120~200	
铝合金	112~300	400~600	
不锈钢	16~25	50~100	

2.3.3.2　铣削力

铣削时，铣刀的每个刀齿都产生铣削力，每个刀齿所产生铣削力的合力即为铣刀的铣削力。每个刀齿和铣刀的铣削力一般为空间力，为了研究方便，可根据实际需要进行分解。如图 2-52 所示，可将圆柱形铣刀单个刀齿产生的铣削力分解为几个方向的分力。

（1）主铣削力　主铣削力 F_c 是铣削时总铣削力 F_o 在主运动方向上的分力，即为作用于铣刀切线方向上消耗机床主要功率的力，如图 2-52 所示。

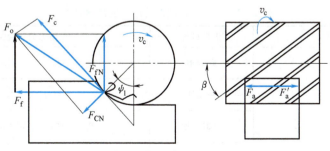

图 2-52　圆柱形铣刀的铣削分力

（2）**垂直铣削力** 垂直铣削力 F_{cN} 是铣削时总铣削力 F_o 在垂直于主运动方向上的分力，即为作用于铣刀半径方向上，能引起刀杆弯曲变形的力。

（3）**轴向力** 轴向力 F_a 作用于主轴方向上，且与刀齿所受轴向抗力 F_a' 大小相等、方向相反。

主铣削力 F_c 与垂直切削力 F_{cN} 的合力 F_o 又可分解为下列两个分力：

1）进给力。进给力 F_f 是铣削时总铣削力 F_o 在进给运动方向上的分力，即为作用于铣床工作台纵向进给方向上的力。

2）垂直进给力。垂直进给力 F_{fN} 是铣削时总铣削力在垂直于进给运动方向上的分力，即作用于铣床升降台运动方向上的力。

以上铣削力可写成：

$$\sqrt{F_c^2 + F_{cN}^2} = \sqrt{F_f^2 + F_{fN}^2} \tag{2-9}$$

周铣时，由于铣刀刀齿位置是随时变化的，因此，当铣刀接触角 ψ_i 不同时，各铣削分力的大小是不同的，即

$$F_f = F_c \cos\psi_i \pm F_{cN} \sin\psi_i \quad （逆铣为"+"，顺铣为"-"） \tag{2-10}$$

$$F_{fN} = F_c \sin\psi_i \pm F_{cN} \cos\psi_i \quad （逆铣为"+"，顺铣为"-"） \tag{2-11}$$

同理，端铣时，也可将铣削力按上述方法分解。

各铣削分力与主铣削力的比值见表 2-12。

表 2-12 各铣削分力与主铣削力的比值

铣削条件	比值	对称端铣	不对称端铣	
			逆铣	顺铣
端铣： $a_e = 0.4 \sim 0.8d, f_z = 0.1 \sim 0.2mm$	F_f/F_c	0.30 ~ 0.40	0.60 ~ 0.90	0.15 ~ 0.30
	F_{fN}/F_c	0.85 ~ 0.95	0.45 ~ 0.70	0.90 ~ 1.00
	F_a/F_c	0.50 ~ 0.55	0.50 ~ 0.55	0.50 ~ 0.55
采用立铣刀、圆柱铣刀、盘形铣刀和成形铣刀： $a_e = 0.05d, f_z = 0.1 \sim 0.2mm$	F_f/F_c	—	1.00 ~ 1.20	0.80 ~ 0.90
	F_{fN}/F_c	—	0.20 ~ 0.30	0.75 ~ 0.80
	F_a/F_c	—	0.35 ~ 0.40	0.35 ~ 0.40

（4）**铣削力经验公式** 铣削力通常是根据经验公式来计算的。铣削力的经验公式见表 2-13 和表 2-14，使用条件改变时的修正系数见表 2-15 和表 2-16。

表中 K_{Fc} 为主切削力 F_c 的修正系数。

表 2-13 硬质合金铣刀铣削力的经验公式

铣刀类型	工件材料	铣削力的经验公式/N
面铣刀	碳素钢	$F_c = 7753 a_p f_z^{0.75} a_e^{1.1} z d^{-1.3} n^{-0.2} K_{Fc}$
	灰铸铁	$F_c = 513 a_p^{0.9} f_z^{0.74} a_e z d^{-1.0} K_{Fc}$
	可锻铸铁	$F_c = 4615 a_p f_z^{0.7} a_e^{1.1} z d^{-1.3} n^{-0.2} K_{Fc}$
	1Cr18Ni9Ti	$F_c = 2138 a_p^{0.92} f_z^{0.78} a_e z d^{-1.15} K_{Fc}$

（续）

铣刀类型	工件材料	铣削力的经验公式/N
圆柱形铣刀	碳素钢	$F_c = 948 a_p f_z^{0.75} a_e^{0.88} z d^{-0.87}$
	灰铸铁	$F_c = 545 a_p f_z^{0.8} a_e^{0.9} z d^{-0.9}$
立铣刀	碳素钢	$F_c = 118 a_p f_z^{0.75} a_e^{0.85} z d^{-0.73} n^{-0.1}$
盘形铣刀、键槽铣刀、锯片铣刀		$F_c = 2452 a_p^{1.1} f_z^{0.6} a_e^{0.9} z d^{-1.1} n^{-0.1}$

注：转速 n 的单位为 r/min。

表 2-14　高速工具钢铣刀铣削力的经验公式

铣刀类型	工件材料	铣削力的经验公式/N
立铣刀、圆柱形铣刀	碳素钢、青铜、铝合金、可锻铸铁	$F_c = C_{Fc} a_p f_z^{0.72} a_e^{0.85} d^{-0.86} z K_{Fc}$
面铣刀		$F_c = C_{Fc} a_p^{0.95} f_z^{0.92} a_e^{1.1} d^{-1.1} z K_{Fc}$
盘形铣刀、锯片铣刀		$F_c = C_{Fc} a_p f_z^{0.72} a_e^{0.86} d^{-0.86} z K_{Fc}$
角度铣刀		$F_c = C_{Fc} a_p f_z^{0.72} a_e^{0.86} d^{-0.86} z K_{Fc}$
半圆铣刀		$F_c = C_{Fc} a_p f_z^{0.72} a_e^{0.86} d^{-0.86} z K_{Fc}$
立铣刀、圆柱形铣刀	灰铸铁	$F_c = C_{Fc} a_p f_z^{0.6} a_e^{0.83} d^{-0.83} z K_{Fc}$
面铣刀		$F_c = C_{Fc} a_p^{0.9} f_z^{0.72} a_e^{1.14} d^{-0.14} z K_{Fc}$
盘形铣刀、锯片铣刀		$F_c = C_{Fc} a_p f_z^{0.65} a_e^{0.83} d^{-0.83} z K_{Fc}$

铣刀类型	工件材料				
	碳素钢	可锻铸铁	灰铸铁	青铜	镁合金
	铣削力系数 C_{Fc}				
立铣刀、圆柱形铣刀	641	282	282	212	160
面铣刀	812	470	470	353	170
盘形铣刀、锯片铣刀	642	282	282	212	160
角度铣刀	366	—	—	—	—
半圆铣刀	443	—	—	—	—

注：1. 铝合金 C_{Fc} 可取为钢的 1/4。

　　2. 铣刀磨损超过磨钝标准时，F_c 将增大，加工软钢时可增大 75% ~ 90%；加工中硬钢、硬钢和铸铁时，可增大 30% ~ 40%。

表 2-15　硬质合金铣刀铣削力的修正系数

工件材料系数		前角系数（切钢）				主偏角系数（钢及铸铁）			
钢	铸铁	$-10°$	$0°$	$10°$	$15°$	$30°$	$60°$	$75°$	$90°$
$\left(\dfrac{R_{\mathrm{m}}}{0.638}\right)^{0.3}$	$\dfrac{\mathrm{HBW}}{190}$	1.0	0.89	0.79	1.23	1.15	1.0	1.06	1.14

注：R_{m} 的单位为 GPa。HBW 为布氏硬度。

表 2-16　高速工具钢铣刀铣削力的修正系数

工件材料系数		前角系数				主偏角系数（端铣）			
钢	铸铁	$5°$	$10°$	$15°$	$20°$	$30°$	$45°$	$60°$	$90°$
$\left(\dfrac{R_{\mathrm{m}}}{0.638}\right)^{0.3}$	$\left(\dfrac{\mathrm{HBW}}{190}\right)^{0.55}$	1.0	0.89	0.79	1.23	1.15	1.0	1.06	1.14

注：R_{m} 的单位为 GPa。HBW 为布氏硬度。

2.3.3.3　铣削功率

铣削功率 P_{c} 为铣削时所消耗的功率。铣削功率 P_{c} 的单位是 kW，其计算公式为：

$$P_{\mathrm{c}} = \frac{F_{\mathrm{c}} v_{\mathrm{c}}}{1000} \qquad (2\text{-}12)$$

式中　F_{c}——主铣削力（N）；

　　　v_{c}——切削速度（m/s）。

2.3.3.4　铣削时切削液的合理选用

铣削时切削液应根据工件材料、刀具材料、加工方法和技术要求等因素合理选用。

1）加工铸铁、铝、青铜等材料时，产生的切削热较少，为了防止切屑和切削液粘在一起而影响加工，一般不用切削液。

2）硬质合金铣刀热硬性好，用硬质合金铣刀进行高速铣削时，通常不用切削液。如果确实需要使用切削液，可选用乳化液，但必须连续、充分地浇注，不能间断。高速钢铣刀热硬性较差，用高速钢铣刀铣削合金钢时，采用极压乳化液。

3）粗铣时，产生的切屑较多，热量也大，主要以冷却为主，兼顾润滑，应选用冷却和润滑性能较好的切削液，如低浓度乳化液等；精铣时为了保证加工表面的质量，以润滑为主，一般使用润滑性能较好的切削液，如极压乳化液或极压切削油。

4）当使用切削液时，切削液应浇注在铣刀和工件的接触处，且一开始铣削就立即浇注切削液。

铣削时，常用切削液的选用见表 2-17。

表 2-17　铣削时常用的切削液

工件材料	粗铣	精铣
碳素钢	乳化液、苏打水	乳化液、极压乳化液、混合油、硫化油等
合金钢	乳化液、极压乳化液	
不锈钢、耐热钢	乳化液、极压切削油、硫化乳化液、极压乳化液	氯化煤油、煤油加 25% 的植物油、煤油加 20% 的松节油和 20% 的油酸、硫化油、极压切削油

（续）

工件材料	粗铣	精铣
铸钢	乳化液、极压乳化液、苏打水	乳化液、极压切削油、混合油
青铜、黄铜	一般不用，必要时用乳化液	乳化液、含硫极压乳化液
铝合金	一般不用，必要时用乳化液、混合油	柴油、混合油、煤油、松节油
铸铁	一般不用，必要时用压缩空气或乳化液	

2.3.4　新技术新工艺

在铣削中，可能因切削刀具、刀柄、机床、工件或夹具的局限性而产生振动。要减少振动，需要采取一些技术措施，图 2-53 所示为减振刀柄。

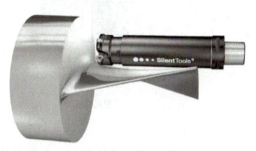

图 2-53　减振刀柄

（1）切削刀具　对于端铣加工，必须考虑切削力的方向：

1）使用主偏角为 90°铣刀时，切削力主要集中于径向。在长悬伸工况下，会使铣刀发生偏摆；但是，在铣削薄壁振动敏感零件时，低轴向力是有利的。

2）主偏角为 45°铣刀能够产生均匀分布的轴向力和径向力。

3）圆刀片铣刀将大部分力沿着主轴向上引导，特别是在切深较小时。此外，铣刀将主要的切削力传递到主轴中，从而减少因长刀具悬伸而产生的振动，如图 2-54 所示。

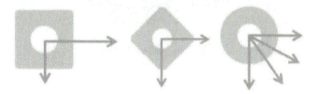

图 2-54　不同刀片的受力分析

4）选择尽可能小的铣刀直径。

5）选择疏齿和或不等齿距铣刀。

6）重量轻的铣刀是有利的，例如采用铝合金刀体的铣刀。

（2）刀柄　使用 Coromant Capto 模块化刀柄系统能够组装出所需长度的刀具，同时可保持高稳定性和最小跳动量，如图 2-55 所示。

1）使刀具总体保持尽可能高的刚性和尽可能短的长度。

2）选择尽可能大的接杆直径尺寸。

3）使用适合过尺寸铣刀的 Coromant Capto 接杆，避免使用缩径接杆。

4）对于小尺寸铣刀，如有可能，使用锥形接杆。

5）在最后一次走刀位于工件深处的工序中，在预定位置改用加长刀具。根据每种刀具长度调整切削参数。

6）如果主轴转速超过 20000r/min，则使用经过动平衡的切削刀具和刀柄。

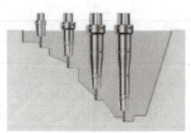

务必使用尽可能短的刀具长度。
陆续加长长度。

过尺寸铣刀

图 2-55　刀柄长度选择

（3）减振铣刀　如果悬伸大于 4 倍刀具直径，则铣削振动趋势可能变得更明显，Silent Tols™ 减振铣刀能够显著提高生产率，如图 2-56 所示。

图 2-56　减振铣刀

项目3

钻削箱体孔

【项目导入】

工作对象：加工箱体上的轴承孔和螺纹孔，小批量生产。

箱体零件是机器及部件的基础零件，它将机器及其部件中的轴、轴承、套和齿轮等零件按一定的相互位置关系装配成一个整体，使其按预定传动关系协调运动。箱体零件的加工精度直接影响机器的工作精度、使用性能和寿命。

任务 3.1　选用孔加工刀具

3.1.1　任务描述

本项目要求完成图 3-1 所示箱体的 $\phi 35^{+0.027}_{0}$ mm 孔和 6 个 M5-7H 螺纹孔的加工。本任务

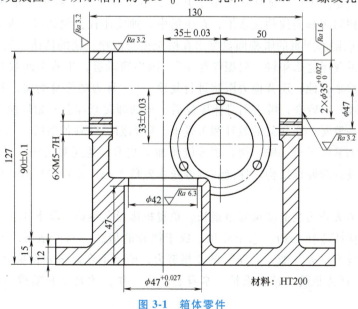

图 3-1　箱体零件

要完成的是根据图中孔尺寸、形状、工件材料等已知条件拟订合适孔加工的方法并选用合适的孔加工刀具。

【知识目标】

1. 了解箱体类零件的结构特点。
2. 掌握常用孔及孔系的加工方法及工艺特点。
3. 掌握孔加工刀具的种类、用途及特点。

【能力目标】

1. 能根据零件图上孔或孔系精度和技术要求，生产批量，材料性能等已知信息，为其加工拟订合理的加工方法。
2. 能选用孔加工刀具。

【素养目标】

1. 具备良好的思想品德、心理素质。
2. 具备扎实的职业技能素质。
3. 培养学生具有一定的写作能力。

【素养提升园地】

忠于梦想，成于执着

戴志阳，1991 年 7 月毕业于江西省兵器技工学校，分配在江西星火机械厂设备动力部作为一名普通的机修钳工。戴志阳说他最要感谢的是他的师父赵沛弘。"我师父 16 岁就进了这个厂，现在还在这个厂，他比我大不了几岁，但是确实教了我很多东西"，戴志阳说。在工作中他一遇到问题都会找师父帮忙，在生活中，师父还教会他如何做人。

2004 年，戴志阳因严重的腰椎间盘突出在医院接受治疗，他的情绪一度低迷。"当时我师父就开导我，说我还这么年轻，要振作起来"。因疼痛难忍，生病期间戴志阳经常卧病在床，他的师父经常来看他，还背他去医院进行复诊。"一日为师终身为父，我真的很感谢我的师父对我的照顾"。后来，戴志阳身体康复后，他的师父赵沛弘开始带他自主研发军工设备，还得了项目一等奖。在师父的教导和关爱下，戴志阳始终刻苦钻研。三十几年的埋头苦干，使戴志阳熟练掌握了车、铣、刨、磨等机械加工技术，他还对公司一千多台大小不一、型号各异的机床设备的原理结构、性能和维修技术熟稔于心，能在最短时间内加工出最标准的工件。

戴志阳现为星火公司制造部保障组组长，负责机床设备维修、保养工作。多年坚守生产一线的他，始终保持业精于勤、忠于梦想、成于执着的信念，刻苦钻研，不管企业如何改制，他一直朝着成为星火"能工巧匠"的梦想努力，始终不渝地坚守在星火公司生产一线。"热爱本职工作，严谨执着，精益求精，全身心投入工作，才是工匠精神的最好体现"，戴志阳说。

3.1.2 任务实施

1. 分析零件图的技术要求

图中 $\phi35^{+0.027}_{0}$ mm 孔尺寸精度在 IT8～IT7 级间，接近 IT7 级精度，$Ra1.6\mu m$；6 个 M5-7H 螺纹孔为中等精度的螺纹孔。材料为 HT200 灰铸铁有着良好的切削加工性。

2. 加工设备

该箱体为小批量生产，在保证加工精度的前提下，考虑到切削加工效率和生产成本，选择加工设备型号为 Z3040。拟订如下加工方案：

$\phi35^{+0.027}_{0}$ mm 孔：钻→扩→粗铰→精铰；

M5 螺纹孔：钻→攻。

3. 选用刀具

M5 螺纹孔的加工：利用 $\phi4.5$ mm 直柄麻花钻加工 $\phi4.5$ mm 的螺纹底孔，然后，利用 M5 机用丝锥（W6Mo5Cr4V2）攻 M5 螺纹。

$\phi35^{+0.027}_{0}$ mm 孔的加工：采用 $\phi30$ mm 镀钛涂层麻花钻（图 3-2），钻 $\phi30$ mm 孔，然后利用扩孔钻扩孔，最后利用铰刀铰孔。

4. 检查与考评

（1）检查

1）学生自行检查工作任务完成情况。

2）小组间互查，进行方案的技术性、经济性和可行性分析。

3）教师专查，进行点评，组织方案讨论。

4）针对问题进行修改，确定最优方案。

5）整理相关资料，归档。

（2）考评

考核评价按表 3-1 中的项目和评分标准进行。

螺纹加工刀具

图 3-2　镀钛涂层麻花钻

表 3-1　评分标准

序号	考核评价项目		考核内容	学生自检	小组互检	教师终检	配分	成绩
任务 3.1　选用孔加工刀具								
1	全过程考核	知识能力	相关知识点的学习				20	
			能分析箱体的结构工艺性					
			能拟订箱体的孔的加工方法及顺序					
2		技术能力	具备信息搜集，自主学习的能力				40	
			具备分析解决问题，归纳总结及创新能力					
			能够根据加工要求正确选用孔加工刀具					
3		素养能力	团队合作、精益求精、刻苦钻研、工匠精神、国防精神、科学严谨				20	
4			任务单完成				10	
5			任务汇报				10	

3.1.3　知识链接

3.1.3.1　常见的钻孔加工以及钻削运动

钻削一般是在钻床上进行的。钻床上可以加工的孔如图 3-3 所示。在实心工件上钻孔（图 3-3a）；在铸出的、锻出的和预先钻出的孔上扩孔（图 3-3b）；铰圆柱孔（图 3-3c）；铰圆锥孔（图 3-3d）；用丝锥攻螺纹（图 3-3e）；锪沉孔（图 3-3f）；锪埋头孔（图 3-3g）；修刮端面（图 3-3h）等。

钻削与钻头

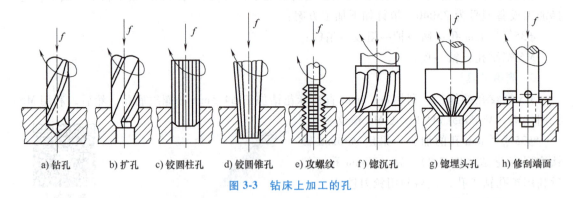

| a) 钻孔 | b) 扩孔 | c) 铰圆柱孔 | d) 铰圆锥孔 | e) 攻螺纹 | f) 锪沉孔 | g) 锪埋头孔 | h) 修刮端面 |

图 3-3　钻床上加工的孔

用钻头在实心材料上加工出孔，称为钻孔。钻孔时，工件固定不动，钻头装在钻床主轴内，一面旋转，同时又沿钻头轴线方向切入工件内，钻出钻屑。因此，钻头的运动是由以下两种运动合成。

（1）切削运动（主体运动）　是钻头绕本身轴线的旋转运动。它使钻头沿着圆周进行切削。

（2）进给运动（进刀运动）　是钻头沿轴线方向的前进运动，它使钻头切入工件，连续地进行切削。

由于两种运动同时进行，因此除钻头的轴线以外的每一点的运动轨迹都是螺旋线，钻屑也成螺旋形。

钻孔可加工的精度一般为 IT11 ~ IT13 级，Ra 值可达 $12.5\mu m$，适用于加工要求不高的孔。

钻头是钻孔用的主要切削工具，种类很多，有麻花钻、中心钻、锪钻。按钻头材料又可分为高速钢钻头和硬质合金钻头等。

钻削时的切削运动和车削的一样，由主运动和进给运动组成。钻头（在钻床上加工孔时）或工件（在车床上加工孔时）的旋转运动为主运动，钻头的轴向运动为进给运动。

钻削属于内表面加工。钻孔时，钻头的切削部分始终处于一种半封闭状态，切屑难以排出，而加工产生的热量又不能及时散发，导致切削区温度很高。浇注切削液虽然可以改善切削条件，但由于切削区是在内部，切削液最先接触的是正在排出的热切屑，待其到达切削区时，温度已显著升高，冷却作用已不明显。另外，为了便于排屑，一般在钻头上开出两条较宽的螺旋槽，导致钻头本身的强度及刚度都比较差。横刃的存在，使钻头定心性差，易引偏，孔径容易扩大，且加工后的表面质量较差，生产率也较低。因此，在钻削加工中，冷却、排屑和导向定心是三大突出而又必须重点解决的问题。

3.1.3.2 常用的孔加工刀具

1. 麻花钻

（1）麻花钻概述 麻花钻是目前孔加工中应用最广泛的刀具。它主要用来在实体材料上钻出较低精度的孔，或作为攻螺纹、扩孔、铰孔和镗孔前的预加工。麻花钻有时也可当作扩孔钻用。钻孔直径范围为 0.1~80mm，一般可加工的精度为 IT13~IT11，表面粗糙度值为 Ra（12.5~6.3）μm。加工 30mm 以下的孔时，目前仍以麻花钻为主。

按刀具材料不同，麻花钻分为高速钢麻花钻和硬质合金麻花钻。高速钢麻花钻的种类很多，本节重点介绍。按柄部分类，有直柄和锥柄之分。直柄一般用于小直径钻头；锥柄一般用于大直径钻头。按长度分类，则有基本型和短、长、加长、超长等各种钻头。

（2）麻花钻的组成 标准麻花钻由柄部、颈部和工作部分组成，如图 3-4a 所示。

1）柄部。柄部是钻头的装夹部分，用于与机床的连接并传递转矩。当钻头直径小于 φ13mm 时通常采用直柄（圆柱柄）；钻头直径大于 φ12mm 时则采用圆锥柄。锥柄后端的扁尾，供使用楔铁将钻头从钻套中取出时用。

2）颈部。颈部是柄部和工作部分之间的连接部分，作为磨削钻头柄部时砂轮退刀和打印标记（钻头的规格及厂标）用。为制造方便，直柄麻花钻一般不制作颈部。

麻花钻的组成

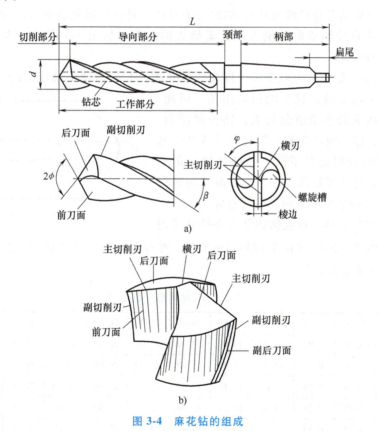

图 3-4 麻花钻的组成

3）工作部分。麻花钻的工作部分有两条螺旋槽，其外形很像麻花，因此而得名。它是钻头的主要部分，由切削部分和导向部分组成。

① 导向部分。钻头的导向部分由两条螺旋槽所形成的两螺旋形刃瓣组成，两刃瓣由钻芯连接。为减小两螺旋形刃瓣与已加工表面的摩擦，在两刃瓣上制出了两条螺旋棱边（称为刃带），用以引导钻头并形成副切削刃；螺旋槽用以排屑和导入切削液并形成前刀面。导向部分也是切削部分的备磨部分。

② 切削部分。钻头的切削部分由两个螺旋形前刀面、两个圆锥后刀面（刃磨方法不同，也可能是螺旋面）、两个副后刀面（刃带棱面），两条主切削刃、两条副切削刃（前刀面与刃带的交线）和一条横刃（两个后刀面的交线）组成，如图 3-4b 所示。主切削刃和横刃起切削作用，副切削刃起导向和修光作用。

（3）麻花钻的结构参数 麻花钻的结构参数是指钻头在制造时控制的尺寸和有关角度，它们是决定钻头几何形状的独立参数，包括直径 d、钻芯直径 d_0 和螺旋角 β 等。

麻花钻的
几何参数

1）直径 d。是指钻头两刃带间的垂直距离。标准麻花钻的直径系列国家标准已有规定。为了减少刃带与工件孔壁间的摩擦，直径做成向钻柄方向逐渐减小，形成倒锥，相当于副偏角的作用，其倒锥量一般为 $(0.05 \sim 0.12)$ mm/100mm。

2）钻芯直径 d_0。是指钻芯与两螺旋槽底相切圆的直径。它直接影响钻头的刚性与容屑空间的大小。一般钻芯直径约为 0.05 倍的钻头直径。对标准麻花钻而言，为提高钻头的刚性与强度，钻芯直径制成向钻柄方向逐渐增大的正锥，如图 3-5 所示，其正锥量一般为 $(1.4 \sim 2)$ mm/100mm。

3）螺旋角 β。是指钻头刃带棱边螺旋线展开成直线后与钻头轴线间的夹角，如图 3-4 所示。螺旋角实际上就是钻头的进给前角。因此，螺旋角越大，钻头的进给前角越大，钻头越锋利。但螺旋角过大，钻头刚性变差，散热条件变坏。麻花钻不同直径处的螺旋角不同，外径处螺旋角最大，越接近中心处的螺旋角越小。标准麻花钻螺旋角 $\beta = 18° \sim 30°$。螺旋角的方向一般为右旋。

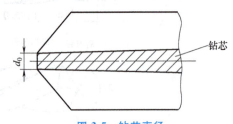

钻芯

图 3-5 钻芯直径

（4）麻花钻的规格 麻花钻的钻头直径 d 系列详见 GB/T 1438.1—2008 ~ GB/T 1438.4—2008。现参考该标准及其他相关标准，将钻头直径规格列于表 3-2 见表 3-2。

表 3-2 麻花钻的直径规格 （单位：mm）

0.25	1.95	4.50	7.80	10.80	14.80	18.00	21.90	26.50	32.00	37.30	42.50	47.90
0.30	2.00	4.70	7.90	10.90	14.90	18.30	22.00	26.60	32.50	37.50	42.70	48.00
0.35	2.05	4.80	8.00	11.00	15.00	18.40	22.30	26.90	32.60	37.60	42.90	48.50
0.40	2.10	4.90	8.10	11.20	15.10	18.50	22.40	27.00	32.70	37.80	43.00	48.60
0.45	2.15	5.00	8.20	11.30	15.20	18.60	22.50	27.60	32.90	37.90	43.30	48.70
0.50	2.20	5.10	8.30	11.40	15.30	18.80	22.60	27.70	38.00	38.00	43.50	48.90
0.55	2.25	5.20	8.40	11.50	15.40	18.90	22.70	27.80	33.40	38.50	43.80	49.00
0.60	2.30	5.30	8.50	11.70	15.50	19.00	22.80	27.90	33.50	38.60	44.00	49.50

（续）

0.65	2.40	5.40	8.60	11.80	15.60	19.10	22.90	28.00	33.60	38.70	44.40	49.60
0.70	2.50	5.50	8.70	11.90	15.70	19.20	23.00	28.10	33.70	38.90	44.50	49.70
0.75	2.60	5.70	8.80	12.00	15.80	19.30	23.50	28.30	33.80	39.00	44.60	49.90
0.80	2.65	5.80	8.90	12.10	15.90	19.40	23.60	28.50	33.90	39.20	44.70	50.00
0.85	2.70	5.90	9.00	12.30	16.00	19.50	23.70	28.60	34.00	39.50	44.80	50.00
0.90	2.80	6.00	9.10	12.40	16.20	19.60	23.90	28.80	34.40	39.60	44.90	51.00
0.95	2.90	6.20	9.20	12.50	16.30	19.70	24.00	29.00	34.50	39.70	45.00	52.00
1.00	3.00	6.30	9.30	12.70	16.40	19.90	24.10	29.20	34.60	39.80	45.10	53.00
1.10	3.15	6.40	9.40	12.90	16.50	20.00	24.30	29.30	34.80	39.90	45.50	54.00
1.15	3.20	6.50	9.50	13.00	16.60	20.30	24.50	29.60	35.00	40.00	45.60	55.00
1.20	3.30	6.60	9.60	13.20	16.70	20.40	24.70	30.00	35.20	40.30	45.70	56.00
1.25	3.40	6.70	9.70	13.30	16.80	20.50	24.70	30.50	35.50	40.50	45.90	57.00
1.30	3.50	6.80	9.80	13.50	16.90	20.60	24.80	30.70	35.60	40.80	46.00	58.00
1.35	3.60	6.90	9.90	13.70	17.00	20.70	24.90	30.80	35.70	41.00	46.20	60.00
1.40	3.70	7.00	10.00	13.80	17.10	20.80	25.00	30.90	35.80	41.40	46.40	62.00
1.45	3.75	7.10	10.10	13.90	17.20	20.90	25.30	31.00	35.90	41.50	46.50	65.00
1.50	3.80	7.20	10.20	14.00	17.30	21.00	25.50	31.30	36.00	41.60	46.70	68.00
1.60	3.90	7.30	10.30	14.30	17.40	21.20	25.60	31.40	36.50	41.70	46.90	70.00
1.70	4.00	7.40	10.40	14.40	17.50	21.50	25.90	31.50	36.60	41.90	47.00	72.00
1.75	4.10	7.50	10.50	14.50	17.60	21.60	26.00	31.60	36.70	42.00	47.50	75.00
1.80	4.20	7.60	10.60	14.60	17.70	21.70	26.10	31.70	36.80	42.20	47.60	78.00
1.90	4.40	7.70	10.70	14.70	17.90	21.80	26.40	31.80	37.00	42.40	47.80	80.00

（5）**麻花钻的几何参数** 麻花钻的两条主切削刃相当于两把反向安装的车孔刀切削刃，切削刃不过轴线且相互错开，其距离为钻芯直径，相当于车孔刀的切削刃高于工件中心。表示钻头几何角度所用的坐标平面，其定义也与本书项目1中从车刀引出的相应定义相同。

1）基面与切削平面（图3-6）。

① 基面 p_r。过主切削刃上选定点 A 的基面 p_{rA} 是通过该点且包括钻头轴线在内的平面。显然，它与该点切削速度 v_c 方向垂直。因主切削刃上选定点的切削速度垂直于该点的回转半径，所以基面 p_r 总是包含钻头轴线的平面，同时各点基面的位置也不同。

② 切削平面 p'_s。过主切削刃选定点的切削平面是通过该点与主切削刃相切并垂直于基面的平面。显然切削平面的位置也随基面位置的变化而变化。

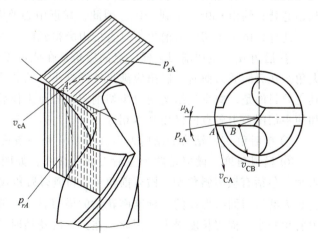

图3-6 麻花钻的基面与切削平面

此外，正交平面 p_o、假定工作平面 p_f 和背平面 p_p 等的定义也与车削中的规定相同。

2）麻花钻的几何角度（图 3-7）。麻花钻的各种几何参数性质不同。有一些是钻头制造时已定的参数，使用者在使用时无法改变，如钻头直径 d、直径倒锥度（κ'_r）、钻芯直径 d_0、螺旋角 β 等，可以称为固有参数。另一些几何参数是钻头的使用者可以根据具体的加工条件，通过刃磨而控制其大小，它们是构成钻头切削部分几何形状的独立参数，也称为独立角度，包括顶角 2ϕ、侧后角 α_f、横刃斜角 φ。还有一些几何参数是非独立的，是由钻头的固有参数和独立角度通过几何换算而得到的，如主切削刃上的主偏角 κ_r、刃倾角 λ_s、前角 γ_o、后角 α_o 等，一般称为派生角度。

① 顶角 2ϕ。是指两主切削刃在与其平行的轴向平面（p_e-p_e）内投影之间的夹角。标准麻花钻的顶角 2ϕ 一般为 $118°$。

② 主偏角 κ_r。任一点的主偏角 κ_{rx} 是指主切削刃在该点基面（p_{rx}-p_{rx}）内的投影与进给方向间的夹角。由于主切削刃上各点的基面不同，因此主切削刃上各点的主偏角也是变化的，外径处大，钻芯处小。

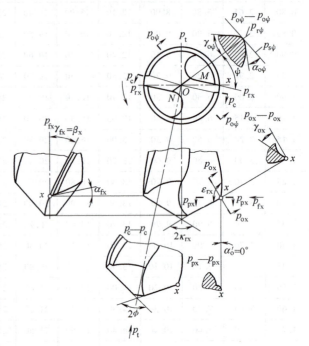

图 3-7 麻花钻的几何角度

当顶角 2ϕ 磨出后，各点主偏角 κ_r 也就确定了。顶角 2ϕ 与外径处主偏角 κ_r 的大小较接近，故常用顶角 2ϕ 大小来分析对钻削过程的影响。

③ 前角 γ_o。主切削刃上任一点的前角 γ_{ox} 是在正交平面内测量的前刀面与基面间的夹角。在假定工作平面内，前角也是螺旋角，它与主偏角有关。由于螺旋角越靠近钻芯越小，故在切削刃上各点的前角也是变化的。标准麻花钻主切削刃上各点的前角变化很大，从外径到钻芯处，约由 $+30°$ 或小到 $-30°$。因此，靠近中心处切削条件很差。

此外，由于主切削刃前角不是直接刃磨得到的，因而钻头的工作图上一般不标注前角。

④ 后角 α_f。主切削刃上任一点的后角是在假定工作平面内测量的后刀面与切削平面间夹角。在刃磨后刀面时，后角应满足外径处小，钻芯处大。一般从 $8°\sim14°$ 增大到 $20°\sim27°$。其主要目的是，减少进给运动对主切削刃上各点工作后角产生的影响，改善横刃处切削条件和使主切削刃上各点的楔角基本相等。

⑤ 副后角 α'_o。钻头的副后刀面（刃带）是一条狭窄的圆柱面，因此副后角 $\alpha'_o = 0°$。

⑥ 横刃角度。横刃是两个主后刀面的交线，如图 3-7 所示。横刃角度是在端平面 p_t 上表示，包括有横刃斜角 Ψ、横刃前角 $\gamma_{o\psi}$ 和横刃后角 $\alpha_{o\psi}$。Ψ 是横刃与主切削刃之间的夹角，它是刃磨后刀面时形成的。标准麻花钻的横刃斜角一般为 $50°\sim55°$。当后角磨得偏大时，横刃斜角减小，横刃长度增大。因此，在刃磨麻花钻时，可以观察横刃斜角的大小来判断后角磨得是否合适。

（6）钻头磨损特点　高速钢钻头磨损的主要原因是相变磨损，其磨损过程与规律与车刀相同。但钻头切削刃各点负荷不均，外圆周切削速度最高，因此磨损最为严重。

钻头磨损的形式主要是后刀面磨损。当主切削刃对应的后刀面磨损达到一定程度时，还伴随有刃带磨损。刃带磨损严重时使外径减小，形成锥度，如图3-8所示。此时一段副切削刃 AB 变为主切削刃的一部分。切下宽而薄的切屑，转矩急增，容易咬死而导致钻头损坏。

钻头磨损限度常取外缘转角处 VB 值为（0.8~1）倍刃带宽。一般钻铸铁 VB 为 1~2mm，钻有色金属时按加工质量要求决定。

钻小孔或深孔时，钻头的磨损常以钻削力不超过某一限度为标准。当转矩或进给力超过时，通过报警装置发信，控制自动退刀。

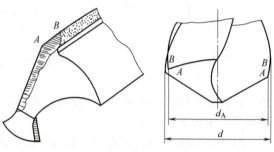

图3-8　钻头刃带的磨损

影响钻头寿命的因素很多，主要包括钻头材料与热处理状态、钻头结构、刃形参数、切削条件等。钻头硬度高、结构刚性好、刃形几何参数与加工材料搭配得越合理、刃磨对称度越高、切削用量优化得越合理，则钻头寿命越长。

（7）麻花钻的缺陷与修磨

1）麻花钻的结构缺陷。标准麻花钻由于本身结构的原因，存在以下缺陷：

① 主切削刃方面。主切削刃上各点前角不相等，从外径到钻芯处，由+30°~-30°，各点切削条件相差很大，切削速度方向也不同。同时，主切削刃较长，切削宽度大，各点的切屑流出速度和方向不同，互相牵制不利于切屑的卷曲，切削液也不易注入切削区，排屑与冷却不利。另外，主切削刃外径处的切削速度高，切削温度高，切削刃易磨损。

② 横刃方面。横刃较长，引钻时不易定中心，钻削时容易使孔钻偏。同时，横刃处的前角为较大的负值，钻芯处的切削条件较差，轴向力大。

③ 刃带棱边。刃带棱边处无后角（$\alpha_0' = 0$），摩擦严重，主切削刃与刃带棱边转角处的切削速度又最高，刀尖角也较小，热量集中不易传散，磨损最快，也是钻头最薄弱的部位。

标准麻花钻结构上的这些特点，严重影响了它的切削性能，因此在使用中常常加以修磨。

2）钻头的修磨。钻头的修磨是指在普通刃磨的基础上，根据具体工艺要求进行补充的刃磨。手工修磨钻头灵活、方便，但难以磨得对称，最好使用刃磨夹具或刃磨机床。

修磨后的钻头一般均可改善其结构缺陷：如横刃较长、钻芯部位前角较小等，能显著降低进给力，提高钻孔的效率。

钻头修磨还可适应特定材料、特定形状零件的加工要求，充分发挥麻花钻的潜力，扩大钻孔工艺性能，效果非常显著。

3）常用修磨方法。

① 修磨横刃。修磨横刃的目的是增大钻尖部分的前角、缩短横刃的长度，以降低进给力。常用的修磨形式如图3-9所示。

如图3-9a所示，将横刃磨出十字形，长度不变，刃倾角仍为零度，但显著增大了横刃

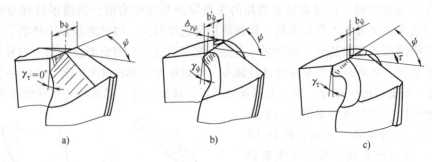

图 3-9　横刃的修磨形式

前角。这种修磨形式手法简单，使用机床夹具时，调整参数少。但却使钻芯强度有所减弱，并要求砂轮圆角半径较小。

如图 3-9b 所示，保持原有横刃长度，磨大横刃前面容屑槽，留出很窄的倒棱刃。这种修磨形式钻芯强度很高，且能使钻削进给力显著降低。

如图 3-9c 所示，将钻尖磨出新的内直刃，既缩短横刃的长度，又增大前角，同时加大钻尖处容屑空间。这种修磨形式既能保持钻尖的强度，又能显著降低钻削进给力，对修磨用的砂轮圆角无严格要求，因而得到广泛推广使用。其修磨参数为：$b_\psi = (0.04 \sim 0.06)d$，$\tau = 20° \sim 30°$，$\gamma_\tau = 0° \sim -15°$。

这种修磨形式手工操作要有一定的熟练程度，因为从起始到终了的修磨过程中，钻头与砂轮的相对位置一直要变动，到达终了位置时才能保证以上的修磨参数。

② 修磨主切削刃。修磨主切削刃的要求是改变刃形或顶角，以增大前角，控制分屑断屑，或改变切削负荷分布，增大散热条件，延长钻头寿命。常用的修磨形式如图 3-10 所示。

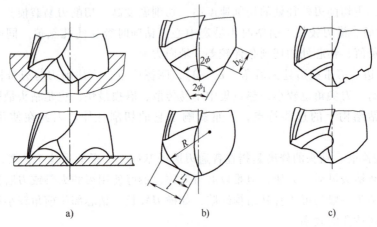

图 3-10　主切削刃修磨形式

图 3-10a 所示是磨出内凹的圆弧刃，加强钻头的定心作用，这有助于分屑断屑。这种修磨形式还能用于不规则的毛坯扩孔。钻薄板时需磨出深度大于工件厚度的内凹圆弧，以形成外刃套料钻孔，加工效果较好。

图 3-10b 所示是磨出双重或多重顶角，或磨出外凸圆弧刃，这样可改善钻刃外缘处的散热条件，提高钻头寿命，适合于钻铸铁。

双重顶角的参数为：$b_\varepsilon = (0.18 \sim 0.22)d$，$2\phi_1 = 70° \sim 90°$

圆弧刃钻头参数为：$R = 0.6d$，$l_1 = l/3$

图 3-10c 所示是磨出分屑槽，以便于排屑。分屑槽可交错开、单边开或磨出阶梯刃，适用于中等以上直径的钻头切削钢的情况。

③ 修磨前刀面。修磨前刀面的要求是改变前角的分布，增大或减小前角，或改变刃倾角，以满足不同的加工要求。常用的修磨形式如图 3-11 所示。

图 3-11a 所示是将外缘处磨出倒棱前面。减小前角，增大进给力，以避免钻孔时的"扎刀"现象。这种形式适合于钻黄铜、塑料、胶木等。倒棱面前角数值：钻黄铜磨成 $5° \sim 10°$；钻胶木磨成（$-5° \sim 10°$）。

图 3-11b 所示是沿切削刃磨出倒棱，以增加刃口强度，适用于加工较硬的材料。倒棱参数：$\gamma_{o_1} = 0° \sim 10°$，$b_{\gamma_1} = 0.1 \sim 0.2\text{mm}$。

图 3-11c 所示是在前刀面上磨出卷屑槽，增大前角。这种形式只适用于切削软材料，如有机玻璃等，可提高加工表面质量。

图 3-11d 所示是前刀面上磨出断屑台，以强迫断屑。

图 3-11e 所示是在前刀面上磨出大前角及正的刃倾角，控制切屑向孔底方向排出，适用于精扩孔钻。

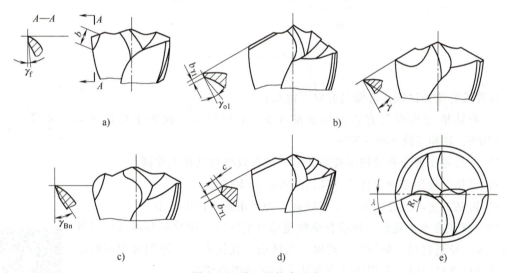

a)　　　　　　　b)

c)　　　　　　d)　　　　e)

图 3-11　前刀面修磨形式

④ 修磨后刀面。修磨后刀面的要求是在不影响钻刃强度的前提下，增大后角，以增大钻槽容屑空间，改善冷却效果。如图 3-12 所示，将后刀面磨出双重后角。第二后角 $\alpha_{f2} = 45° \sim 60°$。

⑤ 修磨刃带。修磨刃带的要求是减少刃带宽度，磨出副后角，以减少刃带与孔壁的摩擦。这种形式适用于韧性大、软材料的精加工。刃带的修磨参数是：

$\alpha_o' = 6° \sim 8°$，$b_{\alpha_1} = 0.2 \sim 0.4\text{mm}$，$l_o = 1.5 \sim 4\text{mm}$。

（8）群钻　群钻是针对标准麻花钻的缺陷，经过综合

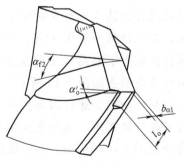

图 3-12　修磨后刀面及刃带

修磨后而形成的新钻型，在长期的生产实践中已演化扩展成一整套钻型。图 3-13 所示为基本型群钻切削部分的几何形状。群钻的刃磨主要包括磨出月牙槽，修磨横刃和开分屑槽等。群钻共有七条切削刃，外形上呈现三个尖。其主要特点是：三尖七刃锐当先，月牙弧槽分两边，一侧外刃开屑槽，横刃磨低窄又尖。

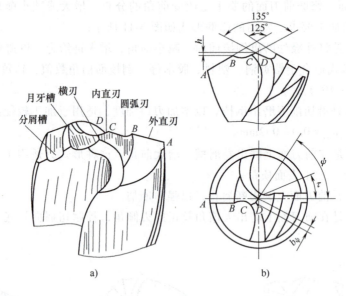

图 3-13 基本型群钻

与普通麻花钻比较，群钻具有以下优点：

1）群钻横刃长度只有普通钻头的 1/5，主切削刃上前角平均值增大，进给力下降 35%~50%，转矩下降 10%~30%。

2）进给量比普通麻花钻可提高 3 倍，钻孔效率得到很大提高。

3）群钻的使用寿命比普通麻花钻约可延长 2~4 倍。

4）群钻的定心性好，钻孔精度提高，表面粗糙度值也较小。

（9）硬质合金麻花钻 硬质合金麻花钻有整体式、镶片式和可转位式等结构。加工硬脆材料，如铸铁、玻璃、大理石、花岗石、淬硬钢及印制电路板等复合层压材料时，采用硬质合金钻头可显著提高切削效率。

整体式硬质合金麻花钻

小直径的硬质合金钻头都做成整体结构（图 3-14a）。直径 $d>5\text{mm}$ 的硬质合金钻头可做成镶片结构（图 3-14b），其切削部分相当于一个扁钻，刀片材料一般用 YG8，刀体材料采用 9SiCr，并淬硬到 50~55HRC，其目的是为了提高钻头的强度和刚性，减小振动，便于排屑，防止刀片碎裂。硬质合金可转位钻头如图 3-15 所示。它选用凸三边形、三边形、六边形、圆形或菱形硬质合金刀片，用沉头螺钉将其夹紧在刀体上，一个刀片靠近中心，另一个在外径处，切削时可起分屑作用。如果采用涂层刀片，切削性能可获得进一步提高。这种钻头适用的直径范围为 $d=16~60\text{mm}$，钻孔深度一般不超过（3.5~4）d，其切削效率比高速钢钻头提高 3~10 倍。

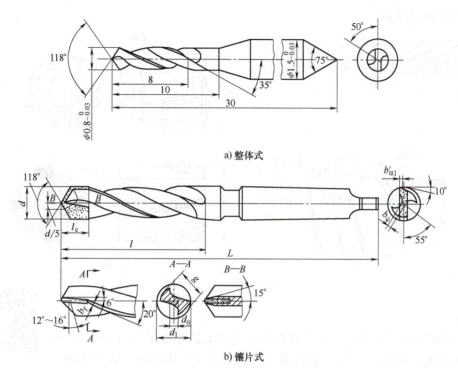

a) 整体式

b) 镶片式

图 3-14 硬质合金钻头

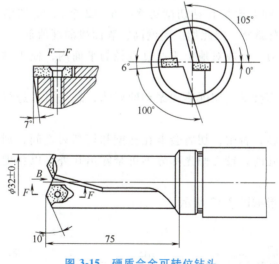

图 3-15 硬质合金可转位钻头

2. 扩孔钻

扩孔是对已钻出、铸（锻）出或冲出的孔进行进一步加工，多采用扩孔钻（图 3-16）加工，也可以采用立铣刀或镗刀扩孔。扩孔钻一般为 3~4 个切削刃，切削导向性好；扩孔加工余量小，一般为 2~4mm；容屑槽较麻花钻小，刀体刚度好；没有横刃，切削时轴向力小。所以扩孔钻的加工质量和生产率均优于钻孔。扩孔对于预制孔的形状误差和轴线的歪斜有修正能力，其加工精度可达 IT10，表面粗糙

扩孔钻的结构

度值为 $Ra6.3 \sim 3.2\mu m$。

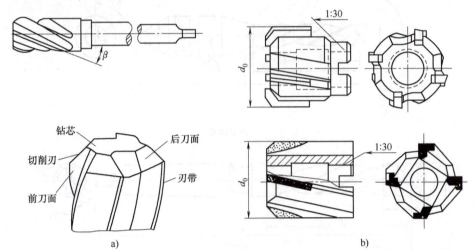

a)   b)

图 3-16 扩孔钻

3. 铰刀

铰孔是用铰刀对孔进行精加工的操作，其加工尺寸精度为 IT7 ~ IT6，表面粗糙度值为 $Ra0.8\mu m$，加工余量很小（粗铰 0.15 ~ 0.5mm，精铰 0.05 ~ 0.25mm）。

铰刀

铰刀是用于铰削加工的刀具。它有手用铰刀（直柄，刀体较长）和机用铰刀（多为锥柄，刀体较短）之分。铰刀比扩孔钻切削刃多（6 ~ 12 个），且切削刃前角 $\gamma_o = 0°$，并有较长的修光部分，因此加工精度高，表面粗糙度值低。

铰刀多为偶数切削刃，并成对地位于通过直径的平面内，便于测量直径的尺寸。

铰刀的结构

手铰切削速度低，不会受到切削热和振动的影响，故是对孔进行精加工的一种方法。

铰孔时铰刀不能倒转，否则，切屑会卡在孔壁和切削刃之间，划伤孔壁或使切削刃崩裂。铰通孔时，铰刀修光部分不可全露出孔外，以免把出口处划伤。

铰刀及铰孔

铰刀和铰孔时的情形如图 3-17 所示。

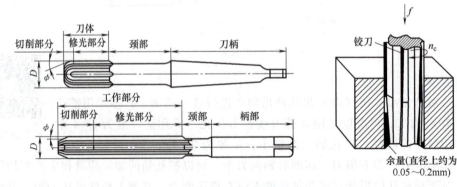

图 3-17 铰刀和铰孔

4. 镗刀

镗刀种类很多，按照切削刃数量可分为单刃镗刀和双刃镗刀。

1）单刃镗刀实际上是一把内圆车刀，如图 3-18 所示。

2）双刃镗刀有固定式和浮动式两种。装配式浮动镗刀如图 3-19 所示。

镗刀

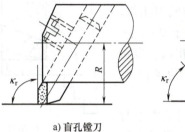

a) 盲孔镗刀　　　　　b) 通孔镗刀

图 3-18　单刃镗刀

微调镗刀

滑槽式双刃镗刀

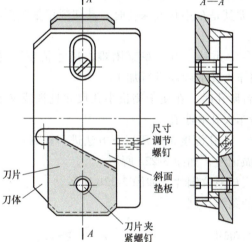

尺寸调节螺钉
刀片
刀体
斜面垫板
刀片夹紧螺钉

图 3-19　装配式浮动镗刀

固定式双刃镗刀

复合镗刀

5. 车孔刀

（1）通孔车刀　通孔车刀切削部分的几何形状基本上与外圆车刀一样，如图 3-20 所示。

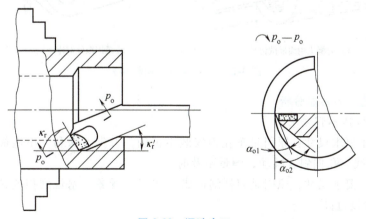

图 3-20　通孔车刀

为了减小径向切削力，防止振动，主偏角应取得大些，一般取 $\kappa_r = 60° \sim 75°$，副偏角 κ_r' 一般取 $15° \sim 30°$。为了防止车孔刀后刀面和孔壁的摩擦又不使后角磨得太大，一般磨成两个后角，其中，α_{o1} 取 $6° \sim 12°$，α_{o2} 取 $30°$ 左右。

（2）盲孔车刀 盲孔车刀用于车削盲孔或台阶孔，其切削部分的几何形状基本上与偏刀相似，如图 3-21 所示。盲孔车刀的主偏角大于 $90°$，一般 $\kappa_r = 92° \sim 95°$。后角要求与通孔车刀相同。盲孔车刀刀尖到刀柄外侧的距离 a 应小于孔的半径 R，否则无法车平孔的底面。

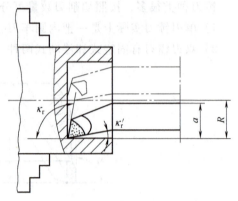

图 3-21 盲孔车刀

（3）车通孔的方法 直通孔的车削基本上与车外圆相同，只是进刀与退刀的方向相反。在粗车或精车时，也要进行试切削。车孔时的切削用量应比车外圆时小一些，尤其是车小孔或深孔时，其切削用量应更小。

（4）车台阶孔的方法

1）车削直径较小的台阶孔时，由于观察困难，尺寸精度不易控制，所以，常采用先粗、精车小孔，再粗、精车大孔的顺序进行加工。

2）车削直径较大的台阶孔时，在便于测量小孔尺寸且视线又不受影响的情况下，一般先粗车大孔和小孔，再精车大孔和小孔。

（5）车孔深度的控制 车孔深度常采用以下方法进行控制：

1）在刀柄上用线痕做记号，如图 3-22a 所示。

2）装夹车孔刀时，安放限位铜片，如图 3-22b 所示。

3）利用床鞍刻度盘的刻线控制。

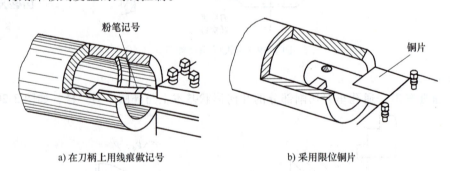

a) 在刀柄上用线痕做记号   b) 采用限位铜片

图 3-22 车孔深度的控制方法

（6）车内孔时的质量分析

1）尺寸精度达不到要求。

① 孔径大于要求尺寸：原因是车孔刀安装不正确，刀尖不锋利，小拖板下面转盘基准线未对准 "0" 线，孔偏斜、跳动，测量不及时。

② 孔径小于要求尺寸：原因是刀杆细造成 "让刀" 现象，塞规磨损或选择不当，车刀磨损以及车削温度过高。

2）几何精度达不到要求。

① 内孔成多边形：原因是车床齿轮咬合过紧，接触不良，车床各部间隙过大。薄壁工件装夹变形也是会使内孔呈多边形。

② 内孔有锥度：原因是主轴中心线与导轨不平行，使用小拖板时基准线不对，切削量过大或刀杆太细造成"让刀"现象。

③ 表面粗糙度达不到要求：原因是切削刃不锋利，角度不正确，切削用量选择不当，切削液不充分。

6. 拉刀

（1）拉刀概述 拉刀是高效率、高精度的多齿刀具。拉削时，利用拉刀上相邻刀齿尺寸的变化（即齿升量）来切除加工余量。它能加工各种形状贯通的内、外表面，如图3-23所示。拉削加工后公差等级能达到IT7～IT9，表面粗糙度值为$Ra0.5～3.2\mu m$，主要用于大批大量的零件加工。本节主要介绍拉刀的分类、组成以及使用等知识。

拉刀

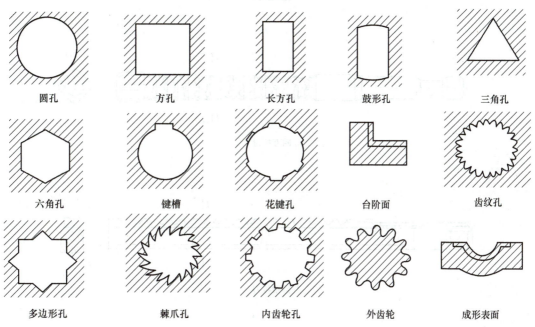

圆孔	方孔	长方孔	鼓形孔	三角孔
六角孔	键槽	花键孔	台阶面	齿纹孔
多边形孔	棘爪孔	内齿轮孔	外齿轮	成形表面

图3-23 拉削加工的工件截面形状举例

（2）拉刀的种类与用途 拉刀种类很多，可根据被加工表面部位、拉刀结构、受力方式的不同来分类。

拉刀的种类与用途

1）按被加工表面部位可分为内拉刀与外拉刀。

图3-24所示为常用的几种拉刀，其中圆拉刀、花键拉刀、四方拉刀、键槽拉刀属于内拉刀，平面拉刀属于外拉刀。

2）按拉刀结构可分为整体拉刀、焊接拉刀、装配拉刀和镶齿拉刀。

加工中、小尺寸表面的拉刀，常用高速工具钢制成整体形式。加工大尺寸、复杂形状表面的拉刀，则可由几个零部件组装而成。对于硬质合金拉刀，则利用焊接或机械镶装的方法将刀齿固定在结构钢刀体上。图3-25列举了装配式直角平面拉刀、装配式内齿轮拉刀和拉削气缸体平面的镶齿硬质合金拉刀。

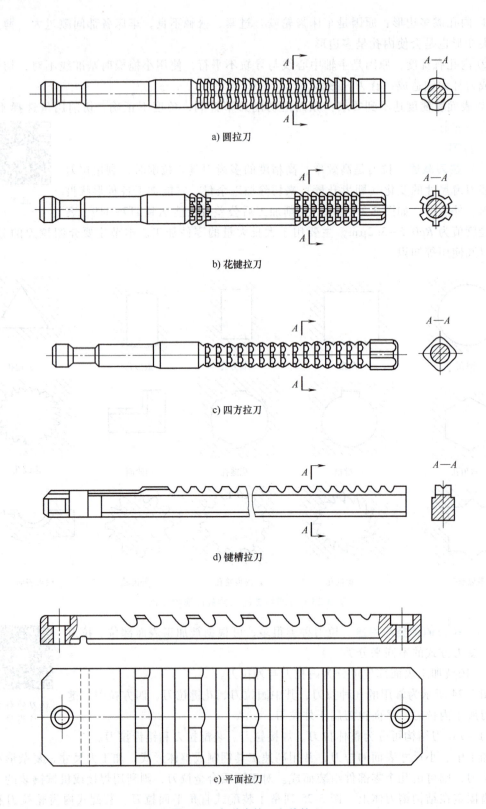

a) 圆拉刀

b) 花键拉刀

c) 四方拉刀

d) 键槽拉刀

e) 平面拉刀

图 3-24　各种内拉刀和外拉刀

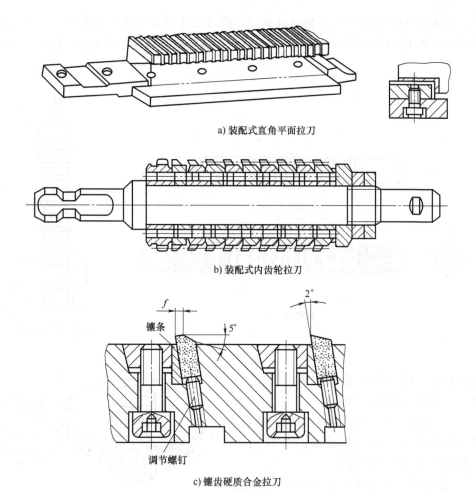

a) 装配式直角平面拉刀

b) 装配式内齿轮拉刀

c) 镶齿硬质合金拉刀

图 3-25 装配拉刀和镶齿拉刀

3）按受力方式可分拉刀、推刀和旋转拉刀。图 2-26 所示为拉削和推削的工作原理。

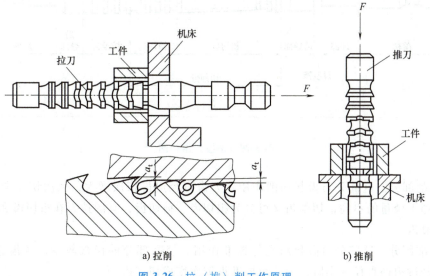

a) 拉削　　　　　　　b) 推削

图 3-26 拉（推）削工作原理

图 3-27 所示为常用的圆推刀和花键推刀。推刀是在推力作用下工作的。推刀主要用于校正硬度低于 45HRC 且变形量小于 0.1mm 的孔。推刀的结构与拉刀相似，它的齿数少，长度短。

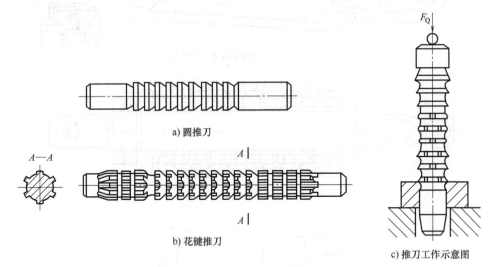

a) 圆推刀

b) 花键推刀

c) 推刀工作示意图

图 3-27　推刀

旋转拉刀（图 3-28）是在转矩作用下，通过旋转运动而进行切削工件的。

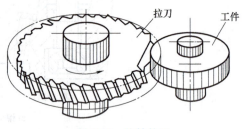

图 3-28　旋转拉刀

（3）拉刀的结构　以圆拉刀为例，圆拉刀由工作部分和非工作部分组成如图 3-29 所示。拉刀一般由以下几个部分组成：

1）工作部分。工作部分有很多齿，根据它们在拉削时所起作用的不同分为：

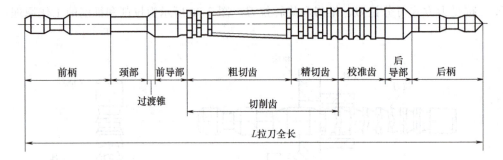

| 前柄 | 颈部 | 前导部 | 粗切齿 | 精切齿 | 校准齿 | 后导部 | 后柄 |

过渡锥　　　　切削齿

L拉刀全长

图 3-29　圆拉刀结构图

① 切削部分。这部分刀齿起切削作用，刀齿直径逐齿依次增大，依次切去全部加工余量。根据加工余量的不同，切削齿又可分为粗切齿、精切齿，有的拉刀在粗切齿和精切齿之间还有过渡齿。

② 校准部分。这部分刀齿起修光与校准作用。校准部分的齿数较少，各齿直径相同。当切削齿经过刃磨直径变小后，前几个校准齿依次变成切削齿。

拉刀的刀齿上都具有前角 γ_o 与后角 α_o，并在后刀面上做出圆柱刃带 b。

相邻两刀齿间的空间是容屑槽。为便于切屑的折断与清除，在切削齿的切削刃上沿着轴向磨出分屑槽。

2）非工作部分。拉刀的非工作部分由下列几部分组成：

① 前柄。与拉床连接，传递运动和拉力。

② 颈部。是拉刀的前柄与过渡锥之间的连接部分，它的长度与机床有关，拉刀的标号通常打印在上面。

③ 过渡锥。是前导部前端的圆锥部分，用以引导拉刀逐渐进入工件内孔中。

④ 前导部。工件预制孔套在拉刀前导部上，用以保持孔和拉刀的同心度，防止因工件安装偏斜造成拉削厚度不均而损坏刀齿。

⑤ 后导部。用于支承工件，防止刀齿切离前因工件下垂而损坏已加工表面和拉刀刀齿。

⑥ 后柄。它被支承在拉床承受部件上，从而能防止拉刀因自重而下垂，并可减轻装卸拉刀的繁重劳动。

（4）拉削方式 拉削方式是指加工余量在拉刀各齿上的分配并切除的方式。如图 3-30 所示，拉削方式主要分为分层式、分块式和组合式三种。

1）分层式（图 3-30a）。

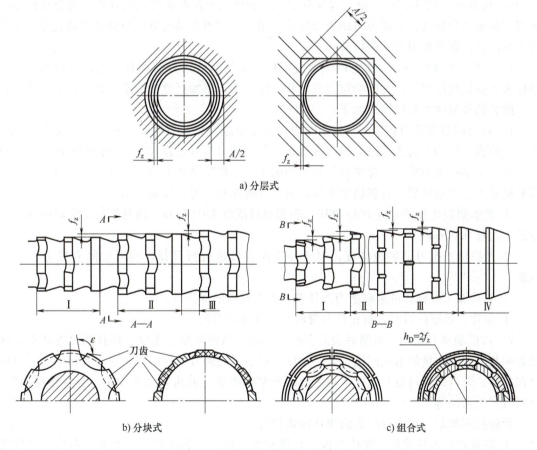

a) 分层式

b) 分块式　　　　c) 组合式

图 3-30　拉削方式

分层式是每层加工余量各用一个刀齿切除。在分层式中，根据工件表面最终廓形的形成过程不同，又分为：

① 同廓式。同廓式指各刀齿廓形与加工表面最终廓形相似，最终廓形是经过最后一个切削齿切削后而形成的。

② 渐成式。渐成式指每个拉刀刀齿形状和经该齿加工后的工件表面形状不完全与工件最终表面的轮廓相似，而工件表面最终廓形是经各刀齿上切削刃依次切削后逐渐衔接而形成的。

这种拉削方式的特点是：分层式拉刀的拉削余量少，齿升量小，拉削质量高。使用渐成式拉刀不易提高拉削质量，但用于拉削成形表面，拉刀制造较易。

2）分块式（轮切式）（图3-30b）。分块式是把拉刀刀齿分成多个齿组，若干齿组成一组。同一组刀齿的直径相同或基本相同，它们共同切除拉削余量中的一层金属。每个刀齿的切削位置是相互错开的，各切除一层金属中的一部分，全部余量由几组刀齿按顺序切完。

这种拉削方式的特点是：分块式拉刀的齿升量大，拉削余量多，拉刀长度较短，效率高，拉削质量较差。分块式拉刀可用于拉削大尺寸、多余量工件，也能拉削带氧化皮、杂质的毛坯面。

3）组合式（图3-30c）。组合式是分层式与分块式组合而成的拉削方式。组合式拉刀的前部刀齿做成分块式，后部刀齿做成分层式。组合式拉刀兼具有分层与分块式的优点，余量较多的圆孔，常使用组合式圆拉刀。

（5）拉刀的合理使用 在生产中常由于拉刀结构和使用方面存在问题，而达不到拉削精度和表面粗糙度要求，并影响拉刀寿命和拉削效率，更加严重的会造成拉刀断裂。其中常出现的弊病及解决的途径简述如下：

1）拉刀的断裂及刀齿损坏。拉削时刀齿上受力过大和拉刀强度不够是损坏拉刀和刀齿的主要原因。影响刀齿受力过大的因素很多，例如拉刀齿升量过大、刀齿径向圆跳动大、拉刀弯曲、预制孔太粗糙、工件夹持偏斜、切削刃各点拉削余量不均、工件强度过高、材料内部有硬质点、严重粘屑、容屑槽堵塞等。为使拉削顺利，可采取如下措施：

① 要求预制孔公差等级IT8~IT10、表面粗糙度值$Ra \leqslant 5\mu m$，预制孔与定位端面垂直度偏差不超过0.05mm。

② 严格检查拉刀的制造精度，对于外购拉刀可进行齿升量、容屑空间和拉刀强度的检验。

③ 对难加工材料，可采取适当热处理，改善材料的加工性。

④ 保管、运输拉刀时，防止拉刀弯曲变形和碰坏刀齿。

2）拉削表面有缺陷。拉削后表面会产生鳞刺、纵向划痕、压痕、环状波纹等缺陷，这是影响拉削表面质量的常见问题。其产生原因很多，主要有刃口微小崩裂、刃口钝化、刃口存在粘屑、刀齿刃带过宽且宽度不均、后刀面磨损严重、前角太大或太小、各齿角度不等、拉削时产生振动等。

消除拉削缺陷，提高拉削表面质量的途径有：

① 提高刀齿刃磨质量。保持刀齿刃口锋利性，防止微裂纹产生，使各齿前角、刃带宽保持一致。

② 保持稳定的拉削。增加同时工作齿数，减小精切齿和校准齿齿距或做成不等分布齿距，提高拉削系统刚度。

③ 合理选用拉削速度。拉削速度是影响拉削表面质量、拉刀磨损和拉削效率的重要因素。图 3-31 所示为拉削速度与表面粗糙度的关系。以拉削碳素钢为例，由于积屑瘤影响，$v_c < 3\text{m/min}$ 时，拉削表面粗糙度值小；$v_c \approx 10\text{m/min}$ 时，拉削表面粗糙度值增大；$v_c > 20\text{m/min}$ 时，拉削表面质量高。资料表明 $v_c = 20 \sim 40\text{m/min}$ 时，可获得很小表面粗糙度值，且提高了拉刀寿命。高速拉削除提高拉削表面质量外，对于拉床结构改进和拉刀材料发展有较大促进作用，我国生产的 L6150 拉床，速度达到了 45m/min。

在汽车制造业中普遍使用硬质合金拉刀。国外采用氮化钛镀层拉刀、激光强化高速钢拉刀，它们对减少拉刀磨损、改善拉削表面质量和提高拉削效率均有明显效果。

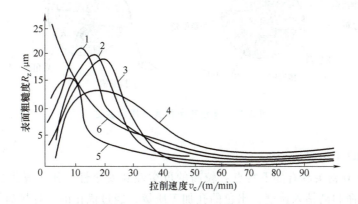

图 3-31　拉削速度与表面粗糙度的关系
1、2、3、5—耐热钢　4—碳素钢　6—轴承钢

④ 合理选用切削液。拉削碳素钢、合金钢材料，选用极压乳化液、硫化油和加极压添加剂切削液对提高拉刀寿命、减小拉削表面粗糙度值均有良好作用。

3）拉刀重磨质量差。在拉削时，若达不到加工质量要求、拉刀后刀面磨损量 $VB \geqslant 0.3\text{mm}$、切削刃局部崩刃长 $\Delta L \geqslant 0.1\text{mm}$ 等的情况时，均应对拉刀进行重磨。

拉刀重磨是在拉刀磨床上沿着拉刀前刀面进行的。通常采用圆周磨法，砂轮与拉刀绕各自轴线转动，利用砂轮周边与槽底圆弧接点接触进行磨削。砂轮、拉刀间的轴线呈 $35° \sim 55°$ 角，砂轮锥面与前刀面夹角呈 $5° \sim 15°$ 角，且要求砂轮和拉刀的轴线保持在同一垂直平面内。选用碟形砂轮，磨料为白刚玉或铬刚玉，砂轮直径不宜太大，以防止对槽底产生过切现象，通常直径经计算求得。磨削时每次切深量为 $0.005 \sim 0.008\text{mm}$，并进行 $3 \sim 4$ 次清磨，每磨一齿需修正砂轮一次。通常可通过观察拉刀前刀面上磨削轨迹的对称性来识别和控制重磨质量。目前生产中选用的 CBN 砂轮和刚玉砂轮能明显地提高重磨质量和磨削效率。

3.1.4　新技术新工艺

无横刃整体式硬质合金钻如图 3-32 所示。由于在整体硬质合金钻上无须使用横刃，因此显著降低了轴向切削力，这会实现更好的对中性能，并靠近钻尖的中心切除切屑，从而无需使用中心钻。实践中无须使用横刃主切削刃，提供更长的刀具寿命和更高的生产率，降低了推力和转矩，获得更好的尺寸精度。

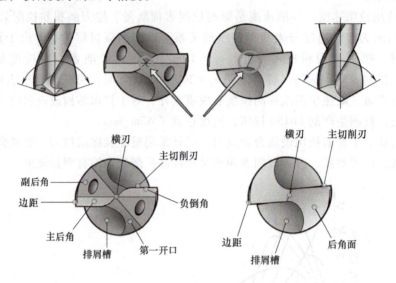

图 3-32　无横刃整体式硬质合金钻

1. CoroDrill® 870 简介

CoroDrill® 870 钻头具有如下特点：较高的可靠性和安全性，便于操纵，安全的钻尖更换，较长刀具寿命和高钻入速度，出色的孔加工质量，经过优化的较好排屑性能，较低的单孔加工成本。

CoroDrill® 870 钻头（图 3-33）常用于公差等级为 IT9-IT10 的孔。钻头直径为 12 ～ 20.90mm 的标准范围，可钻削 3～5 倍钻头直径（标准长度）的长度。典型的钻孔类型有塞孔、螺栓孔等的预钻孔，适合大多数工业领域，如能源、汽车、一般工程。

2. CoroDrill® 880 简介

CoroDrill® 880 钻头有四个切削刃（图 3-34），独特的中央刀片形状可防止周边内刀尖磨损，可逐步进入工件，具有完美平衡的切削力，可使用较高的速度和进给量。与 CoroDrill® 870 钻头相比，生产率可提高 100%，能加工出更高精度的孔。定制型 CoroDrill® 880 钻头可用于加工阶梯孔和孔的倒角，如图 3-35 所示。

图 3-33　CoroDrill® 870 钻头

图 3-34　CoroDrill® 880 钻头

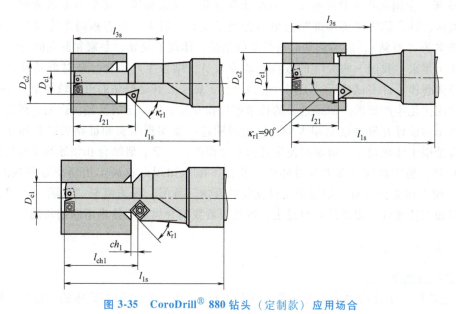

图 3-35 CoroDrill® 880 钻头（定制款）应用场合

任务 3.2 安装麻花钻、调整钻床并对刀

3.2.1 任务描述

安装麻花钻、调整钻床并对刀。

【知识目标】

1. 掌握调整机床、安装孔加工刀具（麻花钻）的操作知识。
2. 掌握对刀的方法及步骤。

【能力目标】

具备准确安装孔加工刀具及对刀的能力。

【素养目标】

1. 培养学生标准意识，热爱劳动。
2. 增强职业规范，掌握新技术新工艺。

【素养提升园地】

钻头大王倪志福，一把钻头磨出人生辉煌

1953 年，时为北京永定机械厂的青年钳工倪志福创制了一种新型钻头，其基本特征为"三尖七刃锐当先，月牙弧槽分两边"，生产率和使用寿命均大幅提高，被称为"倪志福钻头"。

1965年，全国先进工具经验交流会在北京召开，倪志福等一批全国著名劳模在交流会上做了表演，苏广铭等老英雄都热烈地向他表示祝贺。后来，倪志福同志建议将"倪志福钻头"改名为"群钻"，因为它是群众智慧的结晶，体现了领导、专家和群众的三结合。

近几十年来，我国一些大学的教授和研究人员，结合生产需要，针对群钻及其钻孔机理、数控刃磨作了许多试验研究工作。应该看到，钻头尤其是群钻的刃磨较复杂，手工刃磨已不适应现代化生产要求。回顾过去的技术推广和开发工作，已表明经济适用、效能好的钻头刃磨机床的设计开发难度是很大的；这也说明进一步实现钻头和群钻刃磨机械化、自动化，要寄希望于体现设计、研制与使用者密切合作的产、学、研结合和领导的支持促进。

2001年，倪志福的"多尖多刃群钻"获得了国家知识产权局实用新型专利权的确认。2003年，倪志福荣获首届"中国十大科技前沿人物"称号。倪志福与"群钻"不仅代表着我国金属加工技术载入史册的辉煌过去，也代表着我国金属加工技术不断创新的灿烂未来。

3.2.2 任务实施

1. 安装直柄麻花钻

1）先选择一个合适的钻夹头（莫氏4号锥体），由于此钻夹头锥体的锥度与Z3040钻床主轴锥孔锥度一致，因此，将钻夹头直接装入钻床主轴孔内并紧固。

2）由于φ14mm麻花钻柄部为圆柱体，而Z3040钻床主轴孔是莫氏4号锥孔，因此钻头不能直接装到钻床主轴上，先将钻头安装到钻夹头内并旋紧套筒，具体安装步骤见表3-3。

表3-3 麻花钻安装步骤

步骤	图示	说明
1. 检查钻夹头		调整钻夹头，并清理干净
2. 调整卡爪		松开卡爪
3. 安装麻花钻		将直柄麻花钻放入卡爪内

（续）

步骤	图示	说明
4. 锁紧钻夹头	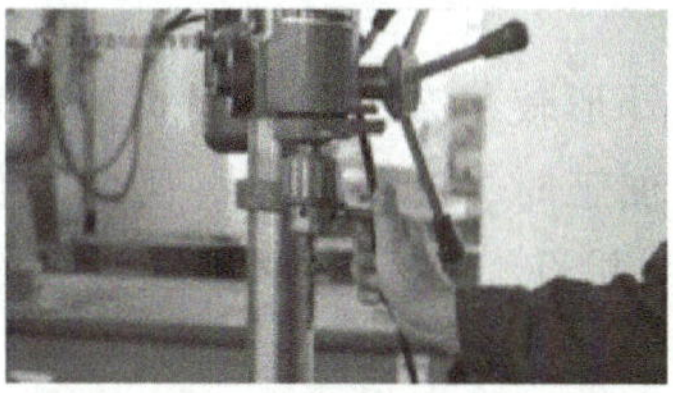	拧紧钻夹头，并紧固

2. 检测安装精度

在加工精度要求不太高的情况下，目测检查钻头径向圆跳动。

3. 调整钻床并对刀

1）起动钻床，调整转速至合适的范围。

2）孔径尺寸由钻头直接保证。

3）此零件为批量生产，因此孔位置尺寸由钻床夹具导引钻点保证。

4. 检查与考评

（1）检查

1）学生自行检查工作任务完成情况。

2）小组间互查，进行方案的技术性、经济性和可行性分析。

3）教师专查，进行点评，组织方案讨论。

4）针对问题进行修改，确定最优方案。

5）整理相关资料，归档。

（2）考评

考核评价按表 3-4 中的项目和评分标准进行。

表 3-4　评分标准

		任务 3.2　安装麻花钻、调整钻床并对刀					
序号	考核评价项目	考核内容	学生自检	小组互检	教师终检	配分	成绩
1	全过程考核	知识能力					
		相关知识点的学习				20	
		能正确安装普通麻花钻					
		能调整机床并准确对刀					
		掌握操作规范及文明生产					
		能正确安装普通麻花钻并对刀					
2		技术能力	信息搜集，自主学习，分析解决问题，归纳总结及创新能力				40
3		素养能力	培养学生标准意识，热爱劳动 增强职业规范，掌握新技术				20
4		任务单完成					10
5		任务汇报					10

3.2.3　知识链接

1. 钻床

钻床是孔加工用机床，主要用来加工外形较复杂、没有对称回转轴线的工件上的孔，如箱体、机架等零件上的各种孔。在钻床上加工时，工件不动，刀具做旋转主运动，同时沿轴向移动（作进给运动）。钻床可完成钻孔、扩孔、铰孔、刮平面以及攻螺纹等工作。钻床主参数是最大钻孔直径。

钻床可分为立式钻床、台式钻床、摇臂钻床以及深孔钻床等。

（1）立式钻床　立式钻床是钻床中应用较广的一种，其特点为主轴轴线垂直布置，而且其位置是固定的。加工时，为使刀具旋转中心与被加工孔的中心线重和，必须移动工件（相当于调整坐标位置），因此立式钻床只适于加工中小型工件上的孔。

图 3-36 所示是方柱立式钻床的外形。主轴箱中装有主运动和进给运动变速传动机构、主轴部件以及操纵机构等。加工时，主轴箱固定不动，而由主轴随同主轴套筒在主轴箱中做直线移动来实现进给运动。利用装在主轴箱上的进给操纵机构，可以使主轴实现手动快速升降、手动进给和接通、断开机动进给。被加工工件直接或通过夹具安装在工作台上。工作台和主轴箱都装在方形立柱的垂直导轨上，并可上下调整位置，以适应加工不同高度的工件。

（2）摇臂钻床　由于大而重的工件移动费力，找正困难，加工时希望工件固定，主轴可调整坐标位置，因而产生了摇臂钻床，如图 3-37 所示。

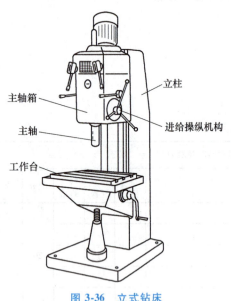

图 3-36　立式钻床

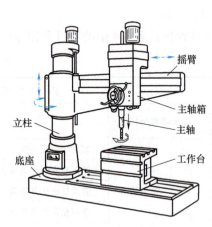

图 3-37　摇臂钻床

摇臂钻床的主轴箱装在摇臂上，可沿摇臂上导轨做水平移动，而摇臂又可绕立柱的轴线转动，因而可以方便地调整主轴的坐标位置，使主轴旋转轴线与被加工孔的中心线重和；摇臂还可以沿立柱升降，以适应对不同高度工件进行加工的需要。为使机床在加工时有足够刚度，并使主轴调整好的位置保持不变，机床设有立柱、摇臂及主轴箱的夹紧机构，当主轴的位置调整妥当后，可以快速地将它们夹紧。摇臂钻床的传动原理与立式钻床相同。

（3）深孔钻床　深孔钻床是专门用于加工深孔的专门化钻床，例如加工枪管、炮管和机床主轴零件的深孔。这种机床加工的孔较深。为了减少孔中心线的偏斜，加工时通常是由工件转动来实现主运动，深孔钻头并不转动而只做直线的进给运动。此外，由于被加工孔较深而且工件往往又较长，为了便于排屑及避免机床过于高大，深孔钻床通常为卧式布局，外形与卧式车床类似。深孔钻床的钻头中心有孔，可在其中打入高压切削液强制冷却及周期退刀排屑。深孔钻床的主参数是最大钻孔深度。

2. 钻头的装夹

（1）钻夹头　钻夹头是用来夹持尾部为圆柱体钻头的夹具，如图3-38所示。它在夹头的三个斜孔内装有带螺纹的夹爪，夹爪螺纹和装在夹头套筒的螺纹相啮合，旋转套筒使三个爪同时张开或合拢，将钻头夹住或卸下。

（2）钻夹套和楔铁　钻夹套是用来装夹圆锥柄钻头的夹具。由于钻头或钻夹头尾锥尺寸大小不同，为了适应钻床主轴锥孔，常常用锥体钻夹套做过渡连接。套筒是以莫氏锥度为标准，它是由不同尺寸组成。楔铁是用来从钻套中卸下钻头的工具，如图3-39所示。

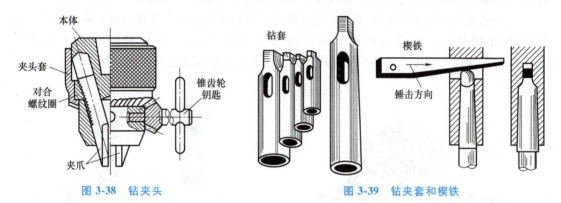

图 3-38　钻夹头　　　　　　　　　　　图 3-39　钻夹套和楔铁

锥柄钻头的钻尾的圆锥体规格见表3-5。

一般立钻主轴的孔内锥体是莫氏3号或4号锥体，摇臂钻主轴的孔内锥体是莫氏5号或6号锥体。如果将较小直径的钻头装入钻床主轴上，需要用过渡钻夹套。钻夹套规格见表3-6。

表 3-5　锥柄钻头钻尾圆锥体规格

钻头直径/mm	6~15.5	15.6~23.5	23.6~32.5	32.6~49.5	49.6~65	68~80
莫氏圆锥号	1	2	3	4	5	6

表 3-6　钻夹套规格

莫氏圆锥号		全长/mm	外锥体大端直径/mm	内锥体大端直径/mm
外锥	内锥			
1	0	80	12.963	9.046
2	1	95	18.805	12.065
3	1	115	24.906	12.065
3	2	115	24.906	17.781

（续）

莫氏圆锥号		全长/mm	外锥体大端直径/mm	内锥体大端直径/mm
外锥	内锥			
4	2	140	32.427	17.781
4	3	140	32.427	23.826
5	3	170	45.495	23.826
5	4	170	45.495	31.296
6	4	220	63.892	31.296
6	5	220	63.892	44.401

3.2.4 新技术新工艺

由于数控设备特别是加工中心加工内容的多样性，使其配备的刀具和装夹工具的种类也很多，并且要求刀具能迅速更换，因此刀具、辅具的标准化和系列化十分重要。把通用性较强的刀具和配套装夹工具系列化、标准化，就成为通常所说的工具系统。

工具系统是针对数控机床要求与之配套的刀具必须可快换和高效切削而发展起来的，是刀具与机床的接口，可分为数控车床工具系统（图3-40）、镗铣类模块式工具系统（图3-41）和镗铣类整体式工具系统（图3-42）。模块式刀柄通过将基本刀柄、接杆和加长

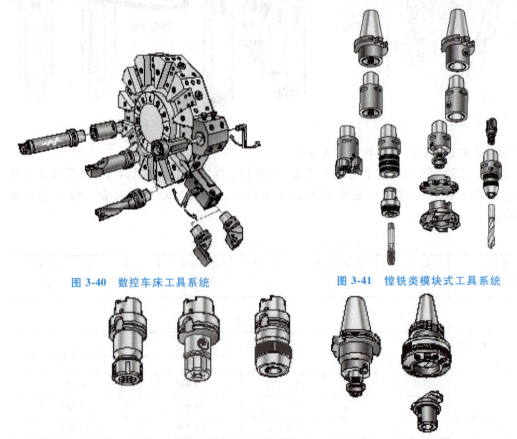

图 3-40　数控车床工具系统　　　　　图 3-41　镗铣类模块式工具系统

图 3-42　镗铣类整体式工具系统

杆（如需要）进行组合，可以用很少的组件组装成非常多种类的刀柄。整体式刀柄用于刀具装配中装夹不改变，或不宜使用模块式刀柄的场合。

　　镗铣类数控工具系统和车床类数控工具系统，主要由两部分组成：一是刀具部分，二是工具柄部（刀柄）、接杆（接柄）、拉钉和夹头等装夹工具部分，如图3-43所示。

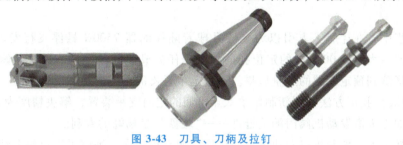

图 3-43　刀具、刀柄及拉钉

任务 3.3　确定钻削的切削用量

3.3.1　任务描述

为钻削箱体孔确定切削用量。

【知识目标】

1. 了解钻、镗床及钻、镗削运动。
2. 选择夹具，安装好工件。
3. 选择钻头和镗刀，安装刀具并准确对刀。
4. 选用合理的钻、镗加工的切削用量。
5. 钻、镗箱体孔。

【能力目标】

1. 能正确选择孔加工机床并安装工件。
2. 能选择孔加工刀具，安装刀具并准确对刀。
3. 选用钻削的切削用量。
4. 能钻削箱体孔，并检验。

【素养目标】

1. 培养学生具有法治意识，开拓创新精神。
2. 树立学生民族自信心，具有爱国精神。

【素养提升园地】

献身航天，守好火箭的心

杨峰主要承担载人航天工程、探月工程、新一代运载火箭等国家重大专项火箭发动机核心部件阀门的关键零组件的加工工作。多年来，他潜心钻研加工技艺，攻克了航天工程研制中许多制造难度大的斜孔、小孔、特殊材料等 100 余项加工难题，形成了一套精、巧、快、好的加工绝技，为推动航天液体动力事业发展做出了突出贡献。先后荣获全国劳动模范、中华技能大奖、全国五一劳动奖章、中国五四青年奖章等荣誉，所在班组被命名"杨峰班组"。

探月工程中，在让航天人引以为豪的月球着陆探测器 7500N 悬浮飞行发动机研制中，发动机上误差不大于 0.005mm 的定位孔的加工是任务成败的关键，一旦发生偏斜，将造成探测器不能降落到预定区域的严重后果。经过七个昼夜的苦思冥想和反复试验，杨峰先后试验了 60 多种装夹找正方法，创新制作了八点可调的定向支承装置，解决精度为 0.003mm 的装夹要求。加工火箭发动机阀门的关键件——"蝶盘"是杨峰的专利。

作为技能工人，他善于将专业理论与操作技能有机结合，练就了生鸡蛋上钻孔而浮皮不破、把普通纸垫在气球上打孔等 50 多项绝招绝技，制作出精巧绝伦的发动机零部件。某发动机薄壁贮箱壁厚 1mm、承受 40MPa 以上的压力，制作难度极大。杨峰对夹紧力的大小、方向、作用点等认真研究，制作了改 45 钢为钛合金，改实心式为车轮辐条式的工装，减轻了重量、增加了强度，圆满解决问题，为某战略武器发动机贮箱的研制生产，提供了充分的技术保障。

作为班组长，杨峰以打造一流一线生产班组为己任，以"'智'控质量、精益求精，'智'造精品、追求卓越，'智'汇英杰、培育人才，'智'圆梦想、放飞人生"为理念，创新开展班组建设工作，实现了型号产品研制生产由制造到"智"造的华丽转身，形成了"技能助力成长，技能助跑成才，技能助推成功"的"智"造文化，并探索出以"班组"为特色的生产能力提升模式，实现了从行为管理向文化管理的蜕变，实现了从传统制造到现代化智造的升级。

3.3.2　任务实施

1. 选用合理的切削用量

切削用量的选择主要受到钻床功率、钻头强度、工艺系统刚度等因素的影响。选择切削用量的基本原则是：在允许范围内，尽量先选较大的进给量，当进给量受孔表面粗糙度和钻头刚度的限制时，再考虑较大的切削速度。具体选择时应查阅《切削用量手册》等资料后确定 $v_c = 60\text{m/min}$，$f = 0.12\text{mm/r}$。

2. 工件的装夹

在批量生中广泛应用钻模夹具，以提高生产率。应用钻模装夹工作进行钻孔时，可免去划线工作，不仅可以提高生产率，而且钻孔精度可提高一级，加工表面粗糙度值也有所减小。

3. 试钻

开始钻孔时，应该先试钻，即用钻头尖对准孔中心处钻一浅坑（约占孔径的 1/4 左右），检查其中心偏位，如有偏位应及时进行纠正。批量生产时，不需要试钻，采用调整法对刀（用专用夹具上的导引元件进行对刀），首件钻出的孔应全面检查其尺寸和形位精度是否符合工序要求，然后再进行批量加工。

4. 正式钻孔

当试钻达到钻孔位置要求后，即可夹紧工件完成钻孔。手动进给时，进给量不应过大，以免使钻头产生弯曲，或造成钻孔轴线歪斜。

5. 检查与考评

（1）检查

1）学生自行检查工作任务完成情况。

2）小组间互查。

3）教师专查，进行点评，组织方案讨论。

4）填写项目报告。

（2）考评

考核评价按表3-7中的项目和评分标准进行。

表 3-7 评分标准

任务 3.3 确定钻削的切削用量							
序号	考核评价项目		考核内容	学生自检	小组互检	教师终检	配分	成绩
1	全过程考核	知识能力	能掌握钻削切削用量的定义 能选择钻削切削用量 能根据切削变形规律来解决实际生产中的问题				20	
2		技术能力	能正确选用切削用量 能熟练钻孔并检验 能分析钻削过程中的切削规律,处理加工中的实际问题				40	
3		素养能力	具有法治意识,开拓创新精神民族自信心,爱国精神				20	
4			任务单完成				10	
5			任务汇报				10	

3.3.3 知识链接

1. 钻削切削用量与切削层参数

如图3-44所示。钻削切削用量包括背吃刀量（钻削深度）a_p、进给量f、切削速度v_c三要素。由于钻头有两条主切削刃，所以：

钻削深度（单位为 mm）$a_p = d/2$

每刃进给量（单位为 mm/z）$f_z = f/2$

钻削速度（单位为 m/min）$v_c = \pi dn/1000$

钻孔时切削层参数包括：

钻削厚度（单位为 mm）$h_D \approx (f\sin\phi)/2$

钻削宽度（单位为 mm）$b_D \approx d/(2\sin\phi)$

每刃切削层公称横截面积（单位为 mm²）$A_D = df/4$

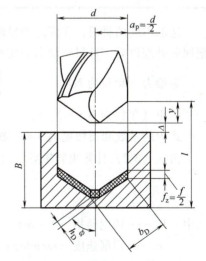

图 3-44 钻削切削用量与切削层参数

材料切除率（单位为 $\mathrm{mm^3/min}$） $Q = \dfrac{\pi d^2 fn}{4} \approx 250 v_c df$

2. 钻削过程与钻削力

（1）钻削变形特点与切屑形状　钻削过程的变形规律与车削相似，但钻孔是在半封闭的空间内进行的，横刃的切削角度又不甚合理，使得钻削变形更为复杂。主要表现在以下几点：

钻芯处切削刃前角为负，特别是横刃，切削时产生刮削挤压，切屑呈粒状并被压碎。钻芯处直径几乎为零，切削速度也为零，但仍有进给运动，使得钻芯横刃处工作后角为负，相当于用楔角为 $\beta_{o\psi}$ 的凿子劈入工件，称作楔劈挤压。这是导致钻削轴向力增大的主要原因。

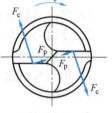

主切削刃各点前角、刃倾角不同，使切屑变形、卷曲、流向也不同。又因排屑受到螺旋槽的影响，切削塑性材料时，切屑卷成圆锥螺旋形，断屑比较困难。

钻头刃带无后角，与孔壁摩擦，加工塑性材料时易产生积屑瘤，易粘在刃带上影响钻孔质量。

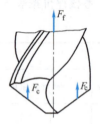

（2）钻削力　钻头每一切削刃都产生切削力，包括切向力（主切削力）F_c、背向力（径向力）F_p 和进给力 F_f（轴向力）。当左右切削刃对称时，背向力抵消，最终构成对钻头影响的是进给力 F_f 与切削扭矩 M_c，如图 3-45 所示。

图 3-45　钻削力

通过钻削实验测量钻削力，可知影响钻削力的因素与规律。钻头各切削刃上产生切削力的比例大致见表 3-8。

表 3-8　钻削力的分配

切削力	主切削刃	横刃	刃带
进给力	40%	57%	3%
转矩	80%	8%	12%

选取不同的材料，在固定的钻削条件下，变化切削用量，测出进给抗力与转矩。经过数据回归处理以后，可得钻削力的实验公式：

进给力（单位为 N）　　　　　$F_f = C_{F_f} d^{z_{F_f}} f^{y_{F_f}} K_{F_f}$ 　　　　　（3-1）

转矩（单位为 N·m）　　　　$M_c = C_{M_c} d^{z_{M_c}} f^{y_{M_c}} K_{M_c}$ 　　　　　（3-2）

式中的系数和指数见表 3-9。修正系数 K 参考有关资料查找。

由式（3-2）计算出转矩后，可用下式计算消耗切削功率（单位为 kW）P_c。

$$P_c = \frac{M_c v_c}{30d} \qquad\qquad (3\text{-}3)$$

式中　M_c——切削转矩（N·m）；

　　　v_c——切削速度（m/min）；

　　　d——孔直径（mm）。

表 3-9　钻削时轴向力、转矩及功率的计算公式

计算公式		
名称	进给力/N	转矩/(N·m)	功率/kW
计算公式	$F_f = C_{F_f} d^{z_{F_f}} f^{y_{F_f}} K_{F_f}$	$M_c = C_{M_c} d^{z_{M_c}} f^{y_{M_c}} K_{M_c}$	$P_c = \dfrac{M_c v_c}{30 d}$

公式中的系数和指数

加工材料	刀具材料	系数和指数					
		轴向力			扭矩		
		C_{F_f}	z_{F_f}	y_{F_f}	C_{M_c}	z_{M_c}	y_{M_c}
钢，$R_m = 650\text{MPa}$	高速工具钢	600	1.0	0.7	0.305	2.0	0.8
不锈钢 1Cr18Ni9Ti	高速工具钢	1400	1.0	0.7	0.402	2.0	0.7
灰铸铁，硬度 190HBW	高速工具钢	420	1.0	0.8	0.206	2.0	0.8
	硬质合金	410	1.2	0.75	0.117	2.2	0.8
可锻铸铁，硬度 150HBW	高速工具钢	425	1.0	0.8	0.206	2.0	0.8
	硬质合金	320	1.2	0.75	0.098	2.2	0.8
中等硬质非均质铜合金，硬度 100~140HBW	高速工具钢	310	1.0	0.8	0.117	2.0	0.8

注：用硬质合金钻头钻削未淬硬的结构碳钢、铬钢及镍铬钢时，轴向力及转矩可按下列公式计算：
$$F_f = 3.48 d^{1.4} f^{0.8} R_m^{0.75} \quad M_c = 5.87 d^2 f R_m^{0.7}$$

3. 钻削的切削参数选择

（1）钻头直径　钻头直径应由工艺尺寸决定，尽可能一次钻出所要求的孔。当机床性能不能胜任时，才采用先钻孔再扩孔的工艺。需扩孔者，钻孔直径取孔径的 50%~70%。合理刃磨与修磨，可有效地降低进给力，能扩大机床钻孔直径的范围。

（2）进给量　一般钻头进给量受钻头的刚性与强度限制，大直径钻头才受机床进给机构动力与工艺系统刚性限制。普通钻头进给量可按以下经验公式估算：
$$f = (0.01 \sim 0.02) d \tag{3-4}$$
合理修磨的钻头可选用 $f = 0.03 d$。直径小于 3~5mm 的钻头，常用手动进给。

（3）钻削速度　高速钢钻头的切削速度推荐按表 3-10 数值选用，也可参考有关手册、资料选取。

表 3-10　高速钢钻头切削速度

加工材料	低碳钢	中高碳钢	合金钢不锈钢	铸铁	铝合金	铜合金
钻削速度 $v_c/(\text{m/min})$	25~30	20~25	15~20	20~25	40~70	20~40

4. 钻孔加工

（1）钻孔的操作方法　工件上的孔及检查圆均需打上样冲眼作为加工界线，中心眼应打大些，如图 3-46 所示。钻孔时先用钻头在孔的中心锪一小窝（约占孔径 1/4），检查小窝与所划圆是否同心。如稍有偏离，可用样冲将中心冲大矫正或移动工件矫正。如偏离较多，可用窄錾在偏斜相反方向凿几条槽再钻，便可以逐渐将偏斜部分矫正过来，如图 3-47 所示。

钻通孔时，工件下面应放垫铁，或把钻头对准工作台空槽。在孔将被钻透时，进给量要小，变自动进给为手动进给，避免钻头在钻穿的瞬间抖动，出现"啃刀"现象，影响加工

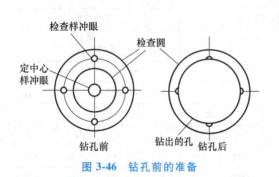

图 3-46　钻孔前的准备

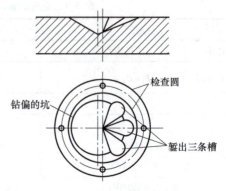

图 3-47　钻偏时錾槽校正

质量，损坏钻头，甚至发生事故。

　　钻盲孔时，要注意掌握钻孔深度。控制钻孔深度的方法有：调整好钻床上深度标尺挡块；安置控制长度量具或用划线做记号。

　　钻深孔时，要经常退出钻头及时排屑和冷却，否则易造成切屑堵塞或使钻头切削部分过热磨损、折断。

　　钻大孔时，直径 D 超过 30mm 的孔应分两次钻。第一次用 $(0.5 \sim 0.7)D$ 的钻头先钻，再用所需直径的钻头将孔扩大。这样，既利于钻头负荷分担，也有利于提高钻孔质量。

　　最大的困难是"偏切削"，切削刃上的径向抗力使钻头轴线偏斜，不但无法保证孔的位置，而且容易折断钻头，对此一般采取如图 3-48a 所示的平顶钻头，由钻心部分先切入工件，而后逐渐钻进。图 3-48b 为一种多级平顶钻头。

　　钻削钢件时，为降低工件的表面粗糙度值多使用机油做冷却润滑油，为提高生产率则多使用乳化液。钻削铝件时，多用乳化液、煤油为切削液。钻削铸铁件时，用煤油为切削液。

（2）钻孔安全技术

　　1）做好钻孔前的准备工作，认真检查钻孔机具，工作现场要保持整洁，安全防护装置要妥当。

　　2）操作者衣袖要扎紧，严禁戴手套。头部不要靠钻头太近，女同志必须戴工作帽，防止发生事故。

　　3）工件夹持要牢固，一般不可用手直接拿工件钻孔，防止发生事故，如图 3-49 所示。

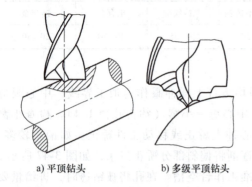

a）平顶钻头　　　　b）多级平顶钻头

图 3-48　在斜面上钻孔

图 3-49　工件旋转造成事故

4）钻孔过程中，严禁用棉纱擦拭切屑或用嘴吹切屑，更不能用手直接清除切屑，应该用刷子或铁钩子清理。高速钻削要及时断屑，以防止发生人身和设备事故。

5）严禁在开机状况下装卸钻头和工件。检验工件和变换转速必须在停机状况下进行。

6）钻削脆性金属材料时，应佩戴防护眼镜，以防切屑飞出伤人。

7）钻通孔时工件底面应放垫块，防止钻坏工作台或虎钳的底平面。

8）在钻床上钻孔时，不能同时二人操作，以免因配合不当造成事故。

9）对钻具、夹具等要加以爱护，经常清理切屑和污水，及时涂油防锈。

（3）钻孔　钻孔时，选用的麻花钻直径应根据后续工序要求留出加工余量。选用麻花钻的长度时，一般应使得导向部分略长于孔深。麻花钻过长则刚度低，麻花钻过短则排屑困难。车床上钻孔如图3-50所示。

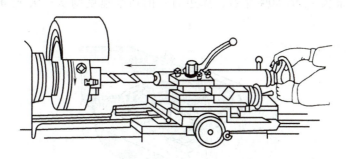

图3-50　车床上钻孔

1）在车床上钻孔的操作步骤。

① 车端面。钻孔前，先将工件端面车平，中心处不允许留有凸台，以利于钻头正确定心。

② 找正尾座使钻头中心对准工件回转中心，否则可能会将孔径钻大、钻偏甚至折断钻头。

③ 装夹钻头。锥柄钻头直接装在尾座套筒的锥孔内，直柄钻头要装在钻夹头内，然后把钻夹头装在尾座套筒的锥孔内。应注意要擦净后再装入。

④ 调整尾座位置。松开尾座与床身的紧固螺栓螺母，移动尾座至钻头能进给到所需长度时，固定尾座。

⑤ 开车钻削。尾座套筒手柄松开后（不宜过松），开动车床，均匀地摇动尾座套筒手轮进行钻削。刚接触工件时进给要慢些，切削中要经常退回，钻透时进给也要慢些，退出钻头后再停机。

2）钻孔注意事项。

① 起钻时进给量要小，待钻头头部全部进入工件后，才能正常钻削。

② 钻钢件时，应加切削液，防止因钻头发热而退火。

③ 钻小孔或钻较深孔时，由于切屑不易排出，必须经常退出排屑，否则会因切屑堵塞而使钻头"咬死"或折断。

④ 钻小孔时，主轴转速应选择快些，钻头的直径越大，钻速应相应更慢。

⑤ 当钻头将要钻通工件时，由于钻头横刃首先钻出，因此轴向阻力大减，这时进给速

度必须减慢，否则钻头容易被工件卡死，造成锥柄在床尾套筒内打滑而损坏锥柄和锥孔。

钻盲孔与钻通孔的方法基本相同，只是钻孔时需要控制孔的深度，常用的控制方法是：钻削开始时，摇动尾座手轮，当麻花钻切削部分（钻尖）切入工件端面时，用钢直尺测量尾座套筒的伸出长度，钻孔时用套筒伸出的长度加上孔深控制尾座套筒的伸出量。

钻孔的精度较低，尺寸公差等级在 IT10 级以下，表面粗糙度值为 $Ra6.3\mu m$，因此，钻孔往往是镗孔、扩孔和铰孔的预备工序。

3.3.4 新技术新工艺

1. 可转位钻头的切削速度（图 3-51）

可转位钻头的切削速度，在周边为 100%，到中心处降为零。切削时，中心刀片的切削速度从零提高到最大 v_c 的 50% 左右，周边刀片的切削速度则从最大 v_c 的 50% 提到至最大 v_c。

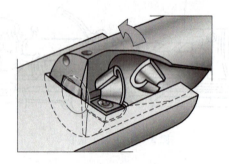

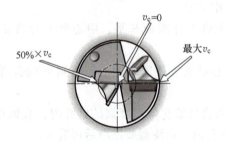

图 3-51　可转位钻头切削速度示意图

2. 整体硬质合金钻和焊接式硬质合金钻的切削速度（图 3-52）

硬质合金钻有两个主切削刃，其切削速度 v_c 在中心处为零，在边缘处为最大。

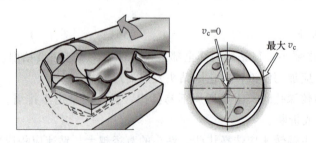

图 3-52　整体硬质合金钻头切削速度示意图

滚削圆柱齿轮

【项目导入】

工作对象：图 4-1 所示圆柱齿轮，中批量生产。

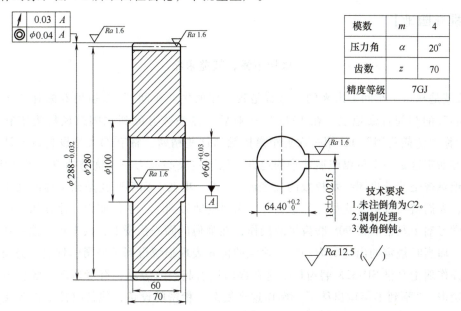

模数	m	4
压力角	α	20°
齿数	z	70
精度等级		7GJ

技术要求
1. 未注倒角为C2。
2. 调制处理。
3. 锐角倒钝。

$\sqrt{Ra\ 12.5}$ ($\sqrt{}$)

图 4-1　圆柱齿轮

齿轮类零件是机器中的主要零件之一，在现代机器和仪器中的应用极为广泛，其功用是按规定的速比传递运动和动力。齿轮由于使用要求不同而具有各种不同的形状，但从工艺角度可将齿轮看成是由齿圈和轮体两部分构成。通过本项目的学习，学生可掌握齿轮加工知识和技能。

任务 4.1　选用滚刀

4.1.1　任务描述

根据加工要求选择齿面加工方法，拟订加工顺序，选用滚刀。

【知识目标】

1. 熟悉制图及机械加工工艺相关知识。
2. 熟悉齿轮加工机床的切削运动及切削原理。
3. 熟悉滚刀的选用。

【能力目标】

1. 会分析齿轮零件图，选择齿面加工方法，拟订齿轮加工顺序。
2. 能正确选用滚刀。

【素养任务】

1. 具有良好的职业道德。
2. 具备吃苦耐劳的品质。
3. 具有大胆细心、精益求精的职业精神。

【素养提升园地】

坚持不懈，精益求精

"我就是从这个车间走出来的。这就是我工作的生产车间。"徐强指着标有"东北齿轮加工中心"的车间自豪地说。在 1993 年毕业后，徐强被分配到沈阳鼓风机集团有限公司（以下简称"沈鼓集团"），第一次近距离接触到这些精密、稀有的大型设备，他被深深地震撼，并断定这是一个可以施展才华的地方。他下定决心成为一名优秀的复合型技术工人，还傲气地对曾是沈鼓集团技术权威的父亲说："爸，现在人们都叫我是徐义铮的儿子，用不了多久，人们就会说您是我徐强的爸爸"。徐强真的做到了。学徒期内，徐强如饥似渴地跟随师傅学习瑞士马格 HSS-90S 磨齿机的操作，在师傅的倾心传授下，仅半年，他就达到了出徒水平，而当时规定的出徒期为一年。徐强的优异表现很快得到了公司的肯定，公司决定让他独立操作瑞士马格 SD-32X 磨齿机。这在部门里引起一阵轰动，有羡慕声，敬佩声，同时也有质疑声："不到半年就出徒了，操作这么复杂、精密的设备，他行吗？"。击碎质疑的最利武器是实力。徐强一个人独挑大梁，出色地完成了任务，给质疑者以强有力的无声反击。然而，没过多久，他就跌了一个大跟头。在加工一件外协小齿轮时，因无意中将进给倍率旋钮多拧了一圈，导致速度成倍地增加。

"活干废了！当工人，干活出废品是既丢手艺又丢人的事情"，徐强特别懊恼，并暗暗发誓，同类事情绝不能发生第二次。从那以后，徐强更加严苛地要求自己，抓紧一切求教机会虚心学习，从早晨研到天黑，有时甚至连午饭忘记吃都浑然不知。在坚持学习设备操作技能的同时，徐强还不断学习相关机械理论知识和外语。家里十几平方米的卧室，专业技术、应用工具和管理方面的书触手可及。努力终会有所收获，如今的徐强已成为业内著名的技术能手，创下大型齿轮加工四级精度的全国之最，并先后荣获"全国杰出青年岗位能手"

"中国青年五四奖章""中华技能大奖""全国五一劳动奖章""全国劳动道德模范""全国优秀共产党员"等荣誉称号，还先后当选为第十一、十二届全国人大代表。

4.1.2　任务实施

1. 分析齿轮工序图

该齿轮材料为 45 钢，调质 220~250HBW，中批生产。

（1）尺寸精度分析　有公差要求的尺寸为 $\phi288_{-0.032}^{0}$ mm（IT6），$\phi60_{0}^{+0.03}$ mm（IT7），键槽宽 18 ± 0.0215 mm（IT9），键槽深 $4.4_{0}^{+0.2}$ mm，其余尺寸为自由公差。

（2）几何精度分析　$\phi288_{-0.032}^{0}$ mm 外圆对 $\phi60_{0}^{+0.03}$ mm 内孔的同轴度公差为 $\phi0.04$ mm，径向圆跳动公差为 0.03mm。

（3）表面粗糙度分析　$\phi60_{0}^{+0.03}$ mm 内孔的表面粗糙度为 $Ra1.6\mu m$；齿顶圆 $\phi288_{-0.032}^{0}$ mm 和齿面的表面的粗糙度值 $Ra1.6\mu m$；其余表面的粗糙度值 $Ra12.5\mu m$。

2. 确定齿面加工方法

齿轮齿面的加工要求为 $Ra1.6um$，齿轮精度等级为 7 级，且为中批生产，根据各类齿面加工方法的特点和适用场合，最终选择滚齿和剃齿。

3. 确定齿轮加工顺序

下料→锻造→正火→粗车→调质→半精车→钻孔→滚齿→拉键槽→磨外圆、孔→剃齿→成品。

4. 检查与考评

（1）检查

1）检查齿面加工方法选择的正确性。

2）检查齿轮加工顺序安排的合理性。

（2）考评

考核评价按表 4-1 中的项目和评分标准进行。

表 4-1　评分标准

任务 4.1　选用滚刀							
序号	考核评价项目		考核内容	学生自检	小组互检	教师终检	配分	成绩
1	全过程考核	知识能力	齿轮零件分析				20	
			确定齿面加工方法					
			拟订齿轮加工顺序					
2		技术能力	具备信息搜集，自主学习的能力				40	
			具备分析解决问题，归纳总结及创新能力					
			能够根据加工要求正确选用铣刀					
3		素养能力	以德为先、爱岗敬业、强化社会责任感、安全意识、信息素养、传承"敬业、精益、专注、创新"的工匠精神				20	
4			任务单完成				10	
5			任务汇报				10	

4.1.3　知识链接

1. 齿轮加工方法

（1）齿坯加工　齿形加工之前的齿轮加工称为齿坯加工，齿坯的内孔（或轴颈）、端面和外圆经常是齿轮加工、测量和装配的基准，齿坯的精度对齿轮的加工精度有着重要的影响。因此，齿坯加工在整个齿轮加工中占有重要的地位。

1）齿坯的加工精度。在齿坯加工中，主要要求保证的是基准孔（或轴颈）的尺寸精度和形状精度、基准端面相对于基准孔（或轴颈）的位置精度。不同精度的孔（或轴颈）的齿坯尺寸公差以及几何公差分别见表 4-2 和表 4-3。

表 4-2　齿坯尺寸公差

齿轮精度等级	5	6	7	8
孔的尺寸公差	IT5	IT6	IT7	
轴的尺寸公差	IT5		IT6	
齿顶圆直径公差	IT7		IT8	

表 4-3　齿坯基准面径向和轴向跳动公差　　　　　（单位：mm）

分度圆直径	公差等级	
<125	11	18
125~400	14	22
400~800	20	32

2）齿坯加工方案。齿坯加工方案的选择主要与齿轮的轮体结构、技术要求和生产批量等因素有关。

① 中、小批量生产的齿坯加工。中、小批量生产尽量采用通用机床加工。对于圆柱孔齿坯，可采用粗车→精车的加工方案。

在卧式车床上粗车齿轮各部分。

在一次安装中精车内孔和基准端面，以保证基准端面对内孔的跳动要求。

以内孔在心轴上定位，精车外圆、端面及其他部分。对于花键孔齿坯，采用粗车→拉→精车的加工方案。

② 大批量生产的齿坯加工。大批量生产中，无论花键孔或圆柱孔，均采用高生产率的机床（如拉床、多轴自动或多刀半自动车床等），其加工方案如下：

以外圆定位加工端面和孔（留拉削余量）。

以端面支承拉孔。

以孔在心轴上定位，在多刀半自动车床上粗车外圆、端面和切槽。

不卸下心轴，在另一台车床上继续精车外圆、端面、切槽和倒角。

（2）齿形加工　按照加工原理，齿形加工可分为成形法和展成法。

1）成形法。成形法加工齿轮所采用的刀具为成形刀具，其切削刃的形状与被切齿轮的齿槽形状相吻合。例如，在铣床上用盘形铣刀或指状铣刀铣削齿轮，在刨床或插床上用成形刀具刨削或插削齿轮等。这种方法的优点是

成形法

不需要专门的齿轮加工机床，而可以在通用机床（如有分度装置的铣床）上进行加工。由于轮齿的齿廓为渐开线，其廓形取决于齿轮的基圆直径（$d_b = mz\cos\alpha$），故对于同一模数的齿轮，只要齿数不同，其渐开线的齿廓形状就不相同，需采用不同的成形刀具。

2）展成法。展成法加工齿轮是利用齿轮的啮合原理进行的，即把齿轮啮合副（齿条—齿轮、齿轮—齿轮）中的一个转化为刀具，另一个转化为工件，并强制刀具和工件做严格的啮合运动，在工件上切出齿廓。这种方法的加工精度和生产率一般比较高，因而在齿轮加工机床中的应用最为广泛。

滚齿加工-1　　　剃齿加工

齿形加工方案的选择，主要取决于齿轮的精度等级、结构形状、生产类型和齿轮的热处理方法及生产工厂的现有条件，对于不同精度的齿轮，常用的齿形加工方案如下：

① 8级以下精度齿轮。调质齿轮用滚齿或插齿应能满足要求。对于淬硬齿轮可采用滚（插）齿→剃齿或冷挤→齿端加工→淬火→校正孔的加工方案。根据不同的热处理方式，在淬火前齿形加工精度应提高一级。

② 6~7级精度齿轮。对于淬硬齿面的齿轮可采用滚（插）齿→齿端加工→表面淬火→校正基准→磨齿（蜗杆砂轮磨齿），该方案加工精度稳定。也可采用滚（插）齿→剃齿或冷挤→表面淬火→校正基准→珩齿的加工方案，这种方案加工精度稳定，生产率高。

③ 5级以上精度的齿轮。一般采用粗滚齿→精滚齿→表面淬火→校正基准→粗磨齿→精磨齿的加工方案。大批量生产也可采用粗磨齿→精磨齿→表面淬火→校正基准→磨削的加工方案。这种加工方案加工的齿轮精度可稳定在5级以上，且齿面加工纹理十分复杂，噪声极低，可加工品质极高的齿轮。磨齿是目前齿形加工中精度最高、表面粗糙度参数值最小的加工方法，最高精度可达3~4级。

选择齿面加工方案时可参考表4-4。

表4-4　圆柱齿轮齿面加工方法和加工精度

类型	不淬火齿轮										淬火齿轮												
精度等级	3	4	5	5	6	6	6	7	7	7	3~4	3~4	3~4	5	5	6	6	6	6	7	7	7	7
表面粗糙度值 Ra/μm	0.2~0.1	0.4~0.2	0.4~0.2	0.4~0.2	0.8~0.4	0.8~0.4	0.8~0.4	1.6~0.8	1.6~0.8	1.6~0.8	0.4~0.1	0.4~0.1	0.4~0.1	0.4~0.2	0.4~0.2	0.8~0.4	0.8~0.4	0.8~0.4	0.8~0.4	1.6~0.8	1.6~0.8	1.6~0.8	1.6~0.8
滚齿或插齿	○	○	○	○	○	○	○	○	○	○	○	○	○	○	○	○	○	○	○	○	○	○	○
剃齿				○		○			○					○			○			○			
挤齿					○			○								○		○			○		
珩齿																		○	○		○	○	
粗磨齿	○	○	○		○			○			○					○						○	
精磨齿	○	○	○								○												

注：○表示需要选择该工艺。

（3）齿端加工　齿轮的齿端加工方式有倒圆、倒尖、倒棱和去毛刺，如图4-2所示。经倒圆、倒尖、倒棱后的齿轮，沿轴向移动时容易进入啮合。齿端倒圆的应用最多。图4-3所示为用指状铣刀倒圆的原理图。

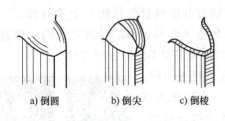

a) 倒圆　　b) 倒尖　　c) 倒棱

图 4-2　齿端形状

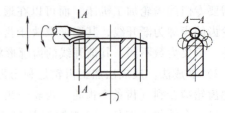

图 4-3　指状铣刀倒圆

（4）精基准的修整　齿轮淬火后其内孔常发生变形，孔直径可缩小 0.01~0.05mm。为保证齿形精加工的质量，必须对基准孔予以修整。修整方法一般采用磨孔或推孔。对于大批量生产的未淬硬的外径定心的花键孔及圆柱孔齿轮，常采用推孔。推孔生产率高，并可用加长推刀前导引部分来保证推孔的精度。对于以小径定心的花键孔或已淬硬的齿轮，以磨孔为好，可稳定地保证精度。磨孔应以齿面定位，符合互为基准原则。

2. 齿轮加工刀具分类

（1）成形法切齿刀具　这类刀具的切削刃廓形与被切齿槽形状相同或近似相同。较典型的成形法切齿刀具有两类。

1）盘形齿轮铣刀（图 4-4a）。它是一把铲齿成形铣刀，可加工直齿轮、斜齿轮。工作时铣刀旋转并沿齿槽方向进给，铣完一个齿后工件进行分度，再铣第二个齿。盘形齿轮铣刀加工精度不高，效率也较低，适合单件小批量生产或修配工作。

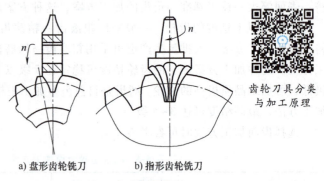

齿轮刀具分类与加工原理

a) 盘形齿轮铣刀　　b) 指形齿轮铣刀

图 4-4　成形齿轮铣刀

2）指形齿轮铣刀（图 4-4b）。它是一把成形立铣刀，工作时铣刀旋转并进给，工件分度。这种铣刀适合于加工大模数的直齿轮、斜齿轮，并能加工人字齿轮。

（2）展成法切齿刀具　这类刀具切削刃的廓形不同于被切齿轮任何剖面的槽形。切齿时除主运动外，还需有刀具与齿坯的相对啮合运动，称展成运动。工件齿形是由刀具齿形在展成运动中若干位置包络切削形成的。

展成切齿法的特点是一把刀具可加工同一模数的任意齿数的齿轮，通过机床传动链的配置实现连续分度，因此刀具通用性较广，加工精度与生产率较高。在成批加工齿轮时被广泛使用。较典型的展成切齿刀具如图 4-5 所示。

图 4-5a 所示是齿轮滚刀的工作情况。滚刀相当于一个开有容屑槽的、有切削刃的蜗杆状的螺旋齿轮。滚刀与齿坯的啮合传动比由滚刀的头数与齿坯的齿数决定，在展成法滚切过程中切出齿轮齿形。滚齿可对直齿或斜齿轮进行粗加工或精加工。

图 4-5b 所示是插齿刀的工作情况。插齿刀相当于一个有前后角的齿轮。插齿刀与齿坯的啮合传动比由插齿刀的齿数与齿坯的齿数决定，在展成法滚切过程中切出齿轮齿形。插齿

刀常用于加工带台阶的齿轮，如双联齿轮、三联齿轮等，特别是能加工内齿轮及无空刀槽的人字齿轮，故在齿轮加工中应用很广。

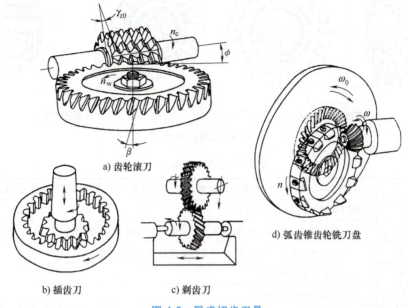

a) 齿轮滚刀

b) 插齿刀　　　c) 剃齿刀　　　d) 弧齿锥齿轮铣刀盘

图 4-5　展成切齿刀具

图 4-5c 所示是剃齿刀的工作情况。剃齿刀相当于齿侧面开有容屑槽形成切削刃的螺旋齿轮。剃齿时剃齿刀带动齿坯滚转，相当于一对螺旋齿轮的啮合运动。在啮合压力下剃齿刀与齿坯沿齿面滑动切除齿侧的余量，完成剃齿工作。剃齿刀一般用于 6、7 级精度齿轮的精加工。

图 4-5d 所示是弧齿锥齿轮铣刀盘的工作情况。这种铣刀盘是专用于铣切螺旋锥齿轮的刀具。例如加工汽车后桥传动齿轮就必须使用这类刀具。铣刀盘的高速旋转是主运动。刀盘上刀齿回转的轨迹相当于假想平顶齿轮的一个刀齿，这个平顶齿轮由机床摇台带动，与齿坯做展成啮合运动，切出被切齿坯的一个齿槽。然后齿坯退回分齿，摇台反向旋转复位，再展成切削第二个齿槽，依次完成弧齿锥齿轮的铣切工作。

按照被加工齿轮的类型，切齿刀具又可分为以下几类：

1）加工渐开线圆柱齿轮的刀具，如滚刀、插齿刀、剃齿刀等。

2）加工蜗轮的刀具，如蜗轮滚刀、飞刀、剃刀等。

3）加工锥齿轮的刀具，如直齿锥齿轮刨刀、弧齿锥齿轮铣刀盘等。

4）加工非渐开线齿形工件的刀具，如摆线齿轮刀具、花键滚刀、链轮滚刀等。这类刀具有的虽然不是切削齿轮，但其齿形的形成原理也属于展成法，所以也归属于切齿刀具类。

3. 滚刀

（1）滚刀的类型　齿轮滚刀与蜗杆相似，但它开有容屑槽并经铲齿而形成切削刃，其结构如图 4-6 所示。滚刀轴肩的端面上标有技术参数，滚刀的参数与结构见表 4-5。

滚齿刀的形成

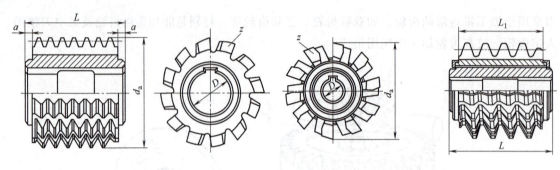

a) 高速钢整体滚刀   b) 镶片式滚刀

图 4-6   滚刀类型

表 4-5   滚刀参数与结构

模数 m		$0.1 \sim 3mm$。用同一模数、压力角的滚刀，可滚切同模数、压力角的任何齿数的齿轮
压力角 α		$20°$（模数制）；$14.5°$（径节制）
精度等级	2A	可直接滚切出 7 级精度齿轮，常用于不能用剃齿、磨齿加工的 7 级齿轮
	A	可直接滚切出 8 级精度齿轮，也可作为剃齿前或磨削滚刀用
	B	可滚切出 9 级精度齿轮
	C	可滚切出 10 级精度齿轮
滚刀类型		齿轮滚刀、剃前滚刀、圆弧齿轮滚刀
滚刀结构	整体式	制造容易，一般法面模数 $m_n = 0.1 \sim 10mm$
	镶片式	一般法面模数 $m_n \geqslant 10mm$ 的滚刀采用镶片式，刀片为硬质合金或高速工具钢，刀体为碳结构钢

（2）滚刀的工作原理 齿轮滚刀是利用一对螺旋齿轮啮合原理工作的，如图 4-7a 所示。滚刀相当于小齿轮，工件相当于大齿轮。滚刀的基本结构是一个螺旋齿轮，但只有一个或两个齿，因此其螺旋角 β_0 很大，螺旋升角 γ_{z0} 就很小，使滚刀的外貌不像齿轮，而呈蜗杆状。

滚齿加工与滚刀

由于滚刀轴向开槽，齿背铲磨形成切削刃，故滚刀在与齿坯啮合运动过程中就能切出齿轮槽形。被切齿轮的法向模数 m_n 和分度圆压力角 α 与滚刀的法向模数和法向压力角相同，齿数 Z_2 由滚刀的头数 Z_0 与传动比 i 决定。若齿轮滚刀端面具有渐开线齿形，则滚切出的齿轮也具有渐开线齿形。

为保持滚刀与工件齿向一致（图 4-7），齿轮滚刀安装时令其轴线与工件端面倾斜 ϕ 角。ϕ 角的调整有以下 3 种情况：

1）滚刀与被切齿轮螺旋角旋向一致时（图 4-7a）

$$\phi = \beta - \gamma_{z0} \tag{4-1}$$

2）滚刀与被切齿轮螺旋角旋向相反时（图 4-7b）：

$$\phi = \beta + \gamma_{z0} \tag{4-2}$$

3）被切齿轮是直齿轮时：

$$\phi = \gamma_{z0} \tag{4-3}$$

式中 ϕ——安装角；

       β——被切齿轮螺旋角；

       γ_{z0}——滚刀螺旋升角。

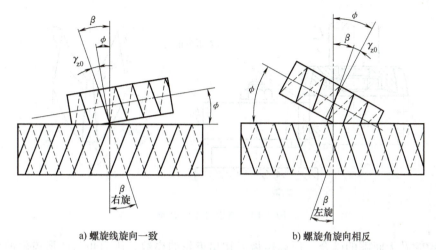

a) 螺旋线旋向一致   b) 螺旋角旋向相反

图 4-7　齿轮滚刀的安装角

（3）阿基米德滚刀结构　整体阿基米德滚刀结构如图 4-8 所示，分刀体、刀齿两部分。刀体包括内孔、键槽、轴台和端面。内孔是安装的基准，套装在滚刀的刀轴上，用键槽传递转矩。两端有轴台，其外圆精度较高，用于校正滚刀安装时的径向跳动。每个刀齿有顶刃和左右侧刃，它们都分布在产形蜗杆的螺旋面上。如图 4-9 所示，滚刀的顶刃与侧刃分别用同一铲削量铲削（铲磨），得到的齿侧也是阿基米德螺旋面，左侧铲面导程小于产形蜗杆导程，右侧铲面导程大于产形蜗杆导程，使两侧铲面与顶面缩在产形蜗杆的螺旋面之内。这样既可保证有正确的刃形，获得所需的后角，又可使重磨前刀面后能保持齿形不变。

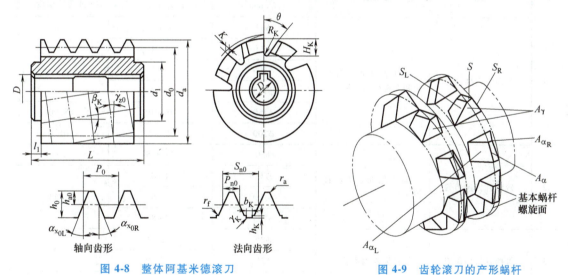

图 4-8　整体阿基米德滚刀　　　　　**图 4-9　齿轮滚刀的产形蜗杆**

4. 插齿刀

（1）插齿刀工作原理　如图 4-10 所示，插齿刀的外形像一个齿轮，齿顶、齿侧做出后角，端面做出前角，形成切削刃。

插齿的主运动是插齿刀的上下往复运动。切削刃上下运动轨迹形成的齿轮称作产形齿轮。插齿刀与齿坯相对旋转形成圆周进给运动，相当于产形齿

插齿加工

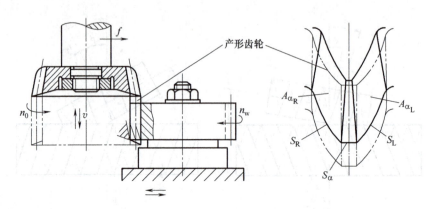

图 4-10　插齿刀工作原理

轮与被切齿轮做无间隙的啮合。所以插齿刀切出齿轮的模数、压力角与产形齿轮的模数、压力角相同，齿数由插齿刀与齿坯啮合运动的传动比决定。

插齿刀开始切齿时有径向进给，切到全齿深时停止进给。为减少插齿刀与齿面的摩擦，插齿刀在返回行程时，齿坯有让刀运动。这些都靠机床上的机构（如凸轮）得以实现。

（2）插齿刀的类型　直齿插齿刀按加工模数范围和齿轮形状不同分为盘形、碗形、锥柄等几种。它们的主要规格与应用范围见表 4-6。

表 4-6　插齿刀类型、规格与用途

序号	类型	应用范围	规格		d_1/mm 或莫氏锥度
			d_0/mm	m/mm	
1	盘形直齿插齿刀	加工普通直齿外齿轮和大直径内齿轮	$\phi63$	0.3~1	31.743
			$\phi75$	1~4	
			$\phi100$	1~6	
			$\phi125$	4~8	
			$\phi150$	6~10	88.90
			$\phi200$	8~12	101.6
2	碗形直齿插齿刀	加工塔形、双联直齿轮	$\phi50$	1~3.5	20
			$\phi75$	1~4	
			$\phi100$	1~6	3.743
			$\phi125$	4~8	
3	锥柄直齿插齿刀	加直齿轮内齿轮	$\phi25$	0.3~1	Morse No. 2
			$\phi25$	1~2.75	
			$\phi38$	1~3.75	Morse No. 3

插齿刀的精度分为 AA、A、B 三级，分别用于加工 6、7、8 级精度的圆柱齿轮。

（3）插齿刀安装　插齿刀的安装精度直接影响齿轮加工的精度。刀具安装的要求是：装夹可靠，垫板尽可能有较大直径与厚度，两端面平行且与插齿刀保持良好的接触。安装时需校正前刀面与外径圆跳动量，一般不大于 0.02mm。

5. 蜗轮滚刀与飞刀

（1）蜗轮滚刀工作原理与进给方式 蜗轮滚刀是利用蜗杆与蜗轮啮合原理工作的。所以蜗轮滚刀产形蜗杆的参数均与工作蜗杆相同。加工时蜗轮滚刀与蜗轮的轴交角、中心距也应与蜗杆副工作状态相同。

如图 4-11 所示，阿基米德蜗杆与蜗轮啮合时，通过中心的剖面 $O\text{-}O$ 相当于齿条与齿轮的啮合。远离中心的 $A\text{-}A$、$B\text{-}B$ 剖面均为非渐开线的共轭齿廓啮合。各剖面中的啮合点连成一条空间曲线，就是蜗杆与蜗轮啮合的接触线。由于蜗杆与蜗轮啮合呈曲线接触，故滚刀工作时不允许有沿蜗轮轴向的移动，也就是加工时只允许采用沿蜗轮的径向或切向进给。

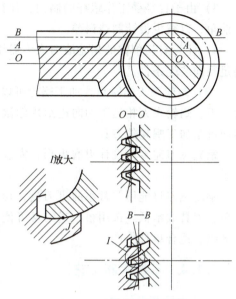

图 4-11 蜗杆副啮合情况

在生产中径向进给应用较多，如图 4-12a 所示。滚刀沿蜗轮直径方向切入，到达规定中心距后停止进给，在继续滚转一周后退刀。当滚刀头数多、螺旋角较大时，径向进给容易因干涉而使蜗轮齿形被切切，影响蜗杆副的工作质量。干涉过切的原理可从图 4-11 中的 $B\text{-}B$ 剖面中放大图 I 中看出，蜗杆直径小于 J 点的齿形与蜗轮的啮合形成"相互钩住"的情况，不能拉开，只能切向旋进旋出。因此用径向进给切削蜗轮时，远离中心剖面中产形蜗杆与被切蜗轮钩住的部分将被切掉，使蜗杆副啮合接触面积减小。

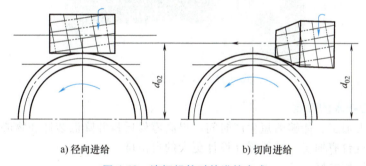

a) 径向进给　　　　　　　　b) 切向进给

图 4-12 滚切蜗轮时的进给方式

切向进给如图 4-12b 所示，滚刀沿本身轴线进给，啮合中心距保持不变。此时工件在展成运动外还需有一个附加的运动，即滚刀移动一个齿距，工件多转 $1/z$ 周，其中 z 为蜗轮滚刀的齿数。

（2）蜗轮滚刀的结构特点 蜗轮滚刀是根据工作蜗杆副参数设计的专用滚刀。外形结构与齿轮滚刀比较有如下的特点：

1）蜗轮滚刀产形蜗杆的类型、分度圆直径、头数、旋向、齿型角等参数均应与工作蜗杆相同。

2）由于直径受工作蜗杆的制约，当滚刀强度不足时可将键槽开到端面上，而直径更小的滚刀只能做成带柄的形式。

3）由于直径受工作蜗杆的制约，往往螺旋升角较大，常用螺旋槽的结构。一般多采用零前角，以减少设计制造误差。

4）注意有切削锥的蜗轮滚刀大多需用切向进给的工艺，而且要验算蜗杆副的参数是否满足径向装配条件。

（3）蜗轮飞刀的特点 加工蜗轮可以使用蜗轮飞刀代替蜗轮滚刀。蜗轮飞刀相当于切向进给蜗轮滚刀的一个刀齿，属于切向进给加工蜗轮的刀具。

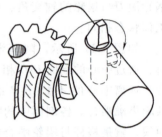

图 4-13　蜗轮飞刀

蜗轮飞刀需专门设计刃磨齿形，安装在刀轴上，如图 4-13 所示。

蜗轮飞刀只能用非常小的进刀量，切削效率较低，但结构简单，刀具成本低。选用很小进给量可使蜗轮的加工精度达到 7~8 级，适合单件生产。

4.1.4　新技术新工艺

1. 强力刮齿新技术

强力刮齿是一种连续切削工艺，能够通过一次装夹完成所有加工。实质上，它是滚齿与插齿的结合，其刀具与齿轮轴线之间的交角和转速是生产率的决定性因素。这种加工方法的另一项优势是能够在台肩附近加工，从而赋予零件更高的设计自由度，如图 4-14 所示。

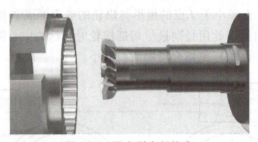

图 4-14　强力刮齿新技术

2. 强力刮齿技术的优点

1）一次装夹加工，能够缩短生产时间、提高零件质量并降低装卸和物流成本。

2）能够贴近台肩加工，赋予零件设计更大的自由度。

3）环保、操作友好。

4）非常高效地进行干式加工。

5）与采用拉齿、插齿和滚齿的工艺相比，能显著缩短的总生产时间。

6）零件加工可管理且可预测。

7）达到的零件精度等于甚至优于其他齿轮加工解决方案能够达到的水平。

8）可在专用机床、多任务机床和加工中心中使用。

3. 何时使用强力刮齿工艺

1）内外齿轮和花键。

2）圆柱直齿轮和斜齿轮。

3）粗加工至精加工。

常用的强力刮齿刀具如图 4-15 所示。

CoroMill®178整体硬质合金圆柱柄式

切削直径：
8～100mm(0.315-3.94in)

刀柄直径：
8～32mm(0.315-1.25in)

花键模数：
0.7～5mm(DP 36-5)

齿轮模数：
0.5～4(DP 51-6.5)

齿顶圆角半径：
0.1mm(0.004in)

CoroMill®178粉末冶金高速钢圆柱柄刀柄

切削直径：
8～120mm(0.315-4.72in)

刀柄直径：
8～40mm(0.315-1.57in)

花键模数：
0.8～5mm(DP 32-5)

齿轮模数：
0.6～6(DP 42-4)

齿顶圆角半径：
0.12mm(0.005in)

CoroMill®178整体硬质合金心轴式

切削直径：
45～120mm(1.77-4.72in)

孔径：
16～40mm(0.630-1.57in)

花键模数：
0.7～5mm(DP 36-5)

齿轮模数：
0.5～4(DP 51-6.5)

齿顶圆角半径：
0.1mm(0.004in)

图4-15 强力刮齿刀具

任务4.2 安装滚刀、调整滚齿机并对刀

4.2.1 任务描述

能够根据齿轮加工的要求选用滚刀，安装滚刀，调整滚齿机并对刀。

【知识目标】

1. 熟悉滚刀选择及安装。
2. 熟悉滚齿机调整、对刀步骤及注意事项。

【能力目标】

1. 能正确选择及安装滚刀。
2. 会调整滚齿机并对刀。

【素养目标】

1. 培养学生标准意识，热爱劳动。
2. 增强职业规范，掌握新技术新工艺。

【素养提升园地】

不卑不亢用技术捍卫国人尊严

他是一名工匠，从事齿轮加工23年；他是"齿轮王"，致力于追求精雕细琢、精益求精的工艺加工。他就是沈阳鼓风机集团有限公司（以下简称"沈鼓集团"）齿轮压缩机公司副总经理，为民族工业的发展壮大培育了一批又一批精工巧匠，他的名字叫徐强。

2001 年 3 月，徐强到德国某公司验收本公司定购的一台价值 1280 多万元的高精度磨齿机，这是当时世界上最先进的磨齿机。作为公司验收团中唯一的工人，徐强深知自己将是这台设备的操作者，也深知如果不把设备原理和操作方法搞清楚，回去后没法开展工作。徐强必须将心中的疑问全都搞清楚，然而在这个推崇"顾客就是上帝"的国度，他感受到的却是他们的傲慢，也许在他们看来，中国的技术人员根本没有能力检验他们的产品，这使徐强的自尊心受到很大的打击。但是，他是一个迎难而上的人，为了能尽快掌握设备的原理和操作，徐强对着满是英文字母的说明书一字一句地翻译成中文，"翻译的过程太痛苦了，很多单词都是熟词僻义，特别让人抓狂。"徐强说，在操作机器之前吃透说明书是他的一个习惯。

"为什么不校验全行程，多测几个点？"。在验收这台机床一个坐标轴的精度时，德方只在全部行程中检测了很短的一段就认为误差在允许范围之内，徐强对此提出质疑。"没有那么长的测棒。"对方轻描淡写道。

这么精密、贵重的设备必须得确保万无一失，徐强立刻提出，可以通过调整机床的回转角度来增加检验长度。德方确定这个方案可行。然而，检测结果显示，误差超标！这位操作者意识到了事情的严重性，不到十分钟，德方技术专家便赶到现场，分析查找原因。"如果设备不达到要求，我们将不会验收；如果因设备质量问题影响加工精度，损失必须由德方承担。"徐强立场鲜明地表明态度，狠狠打击了德方的傲慢态度。同年 8 月份，德方来沈鼓集团安装、调试设备。在验收试件的程序编制过程中，他们直接将 15°48′的齿轮螺旋角输入成"15.48"，徐强对此产生疑问，可对方却不耐烦地答道说："我们从来都是这么输入"。

在加工中徐强发现，砂轮在齿宽方向仅磨削齿面一端，经验告诉他，这是不可能的。然而，德方却在打哈哈："这是一个奇特的齿轮"。"科学面前人人平等，难道老外就不会犯错误？我要用我的技术捍卫中国人的尊严！"对方的敷衍激怒了徐强，他严肃要求对方立即与总公司联系，确认这样输入是否正确。经过长时间的电话联络，老外满脸歉意地对他说："徐，刚才是我输错了数据，感谢你给我指出这错误，不然麻烦可就大了。"错误纠正了，齿轮保住了，仅此一项就为公司节约 10 余万元。

4.2.2 任务实施

1. 选用滚刀

滚齿属于展成法加工齿轮，是利用齿轮的啮合原理进行的，即把齿轮啮合副中的一个转化为刀具，另一个转化为工件，并强制刀具和工件做严格的啮合运动，故滚刀模数为 4mm，压力角 20°。

2. 安装滚刀

安装滚刀的步骤见表 4-7。

表 4-7　安装滚刀的步骤

步骤	图示	说明
1. 准备	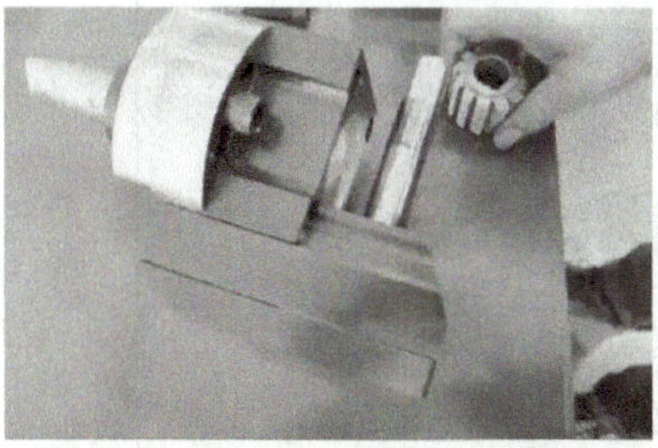	将刀杆与锥度部分擦干净
2. 检查	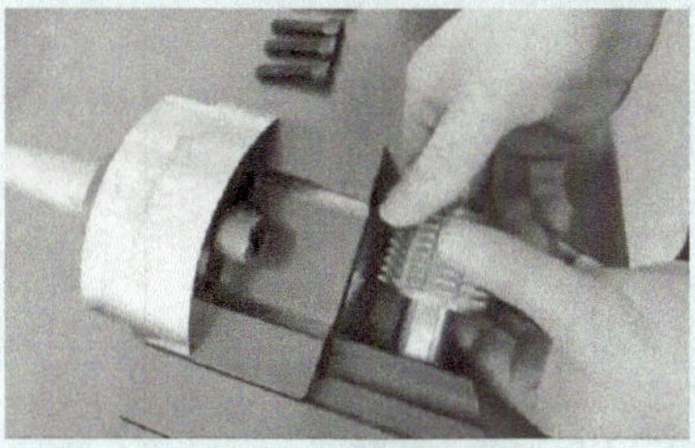	检查刀杆与滚刀的配合
3. 紧固刀具	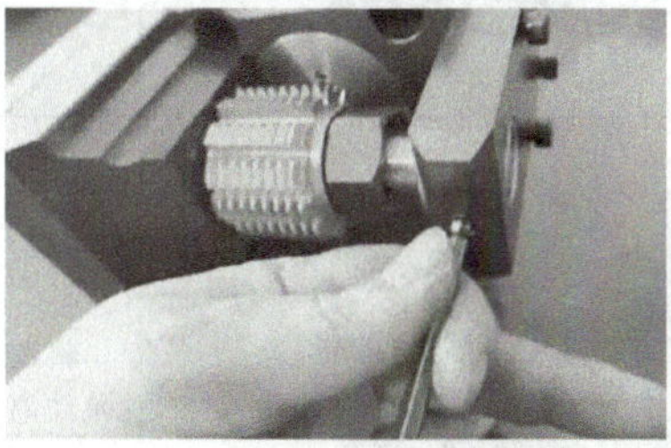	将装好滚刀的刀杆装入机床主轴孔内并紧固刀具
4. 开机检查		运行机床，进行刀具运转状态检查

3. 调整滚齿机并对刀

调整滚齿机并对刀的步骤见表 4-8。

表 4-8　调整滚齿机并对刀的步骤

步骤	图示	说明
1. 安装毛坯		将毛坯牢固地安装在心轴上

（续）

步骤	图示	说明
2. 安装滚刀	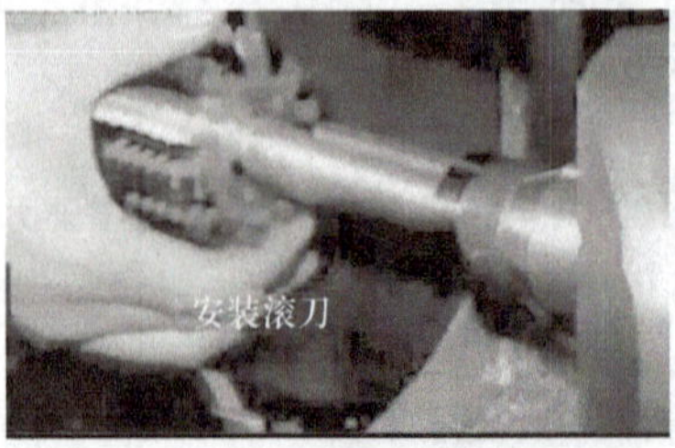 安装滚刀	将滚刀安装在刀杆,紧固螺栓固定
3. 安装刀杆	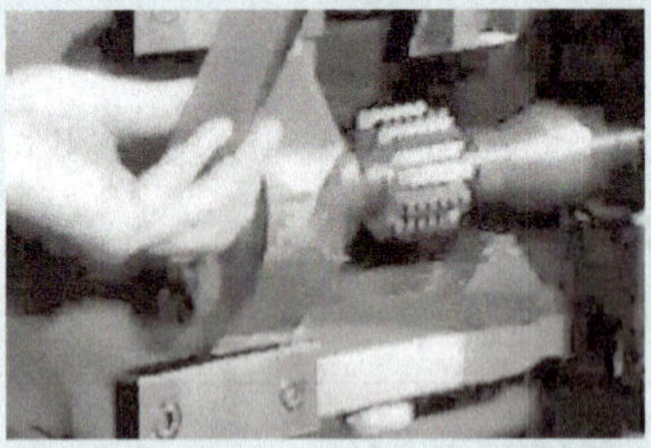	将滚刀杆装到主轴上时,用刀杆紧固螺栓固定
4. 试车对刀		将滚刀紧固,调整交换齿轮,脱开差动离合器,对刀

4. 检查与考评

（1）检查

1）检查滚刀选用的合理性。

2）检查滚刀安装的正确性。

3）检查滚齿机调整的正确性。

4）检查对刀的准确性。

（2）考评

考核评价按表 4-9 中的项目和评分标准进行。

4.2.3 知识链接

滚刀的安装好坏影响着滚刀径向、端面跳动,最终影响滚齿精度。

（1）滚刀刀杆的安装 滚刀安装时,要检查刀杆与滚刀的配合,如图 4-16 所示,以用手能将滚刀推入刀杆为准,间隙太大会引起滚刀的径向跳动。安装时,应将刀杆与锥度部分擦干净,装入机床主轴孔内并紧固。不准锤击滚刀,以免刀杆弯曲。

表 4-9　评分标准

序号	考核评价项目		考核内容	学生自检	小组互检	教师终检	配分	成绩
			任务 4.2　安装滚刀、调整滚齿机并对刀					
1	全过程考核	知识能力	根据加工要求选择滚刀				20	
			滚刀安装					
			滚齿机调整并对刀					
2		技术能力	具备信息搜集,自主学习的能力				40	
			具备分析解决问题,归纳总结及创新能力					
			能够根据加工要求正确选用滚刀					
3		素养能力	以德为先、爱岗敬业,强化社会责任感、安全意识、信息素养、传承"敬业、精益、专注、创新"的工匠精神				20	
4			任务单完成				10	
5			任务汇报				10	

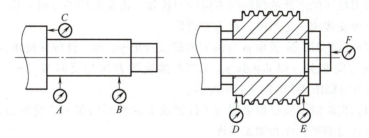

图 4-16　滚刀刀杆安装精度检验

　　滚刀安装好后,要在滚刀的两端凸台处检查滚刀的径向和端面圆跳动误差。滚刀心轴和滚刀的安装要求见表 4-10。

表 4-10　滚刀心轴和滚刀的安装要求　　　　　　（单位:mm）

齿轮精度等级	模数	径向和端面圆跳动公差					
		滚刀心轴			滚刀台阶		
		径向圆跳动		端面圆跳动	径向圆跳动		端面圆跳动
		A 点处	B 点处	C 点处	D 点处	E 点处	F 点处
5~6	<2.5	0.003	0.005	0.003	0.005	0.007	0.005
	>2.5~10	0.005	0.008	0.005	0.010	0.012	
7	≤1	0.005	0.008	0.005	0.010	0.012	0.010
	>1~5	0.010	0.015	0.010	0.015	0.018	
	>5	0.020	0.025	0.020	0.020	0.025	
8	≤1	0.01	0.015	0.01	0.015	0.020	0.015
	>1~5	0.02	0.025	0.02	0.025	0.030	
	>5	0.03	0.035	0.025	0.030	0.040	

（续）

齿轮精度等级	模数	径向和端面圆跳动公差					
		滚刀心轴			滚刀台阶		
		径向圆跳动		端面圆跳动	径向圆跳动		端面圆跳动
		A 点处	B 点处	C 点处	D 点处	E 点处	F 点处
9	<1	0.015	0.020	0.015	0.020	0.030	0.020
	>1~5	0.035	0.040	0.030	0.040	0.050	
	>5	0.045	0.050	0.040	0.050	0.050	

为了消除滚刀刀杆的径向圆跳动误差和端面圆跳动误差，将刀杆转动 180°后重新安装夹紧。如果滚刀杆轴向端面圆跳动超差，可调整主轴轴向间隙。安装刀垫及刀杆支架外轴瓦座时，为了减少安装滚刀的误差，垫圈数目越少越好，擦得越干净越好；垫圈端面不应有划痕，紧固螺母的端面及垫圈均应磨制而成。刀杆支架装入时配合间隙要适宜。过紧将导致轴瓦发热磨损，甚至咬死；过松将在滚切过程中产生振动，影响工件质量。

（2）**滚刀安装角的确定** 滚切时，为了切出准确的齿形，应使滚刀和工件处于正确的啮合位置，即滚刀在切削点处的螺旋线方向应与被加工齿轮齿槽的方向一致。为此，需将滚刀轴线与工件顶面安装成一定角度，称为安装角。

加工斜齿圆柱齿轮时，安装角 ϕ 与滚刀的螺纹升角 γ_{z0} 和工件的螺旋角 β 大小有关，且与二者的螺旋线方向有关，即 $\phi = \beta \pm \gamma_{z0}$（二者螺旋线方向相反时取 "+" 号，相同时取 "-" 号），倾斜方向如图 4-17a 图 4-17b 所示。

加工斜齿圆柱齿轮时，应尽量采用与工件螺旋方向相同的滚刀，使滚刀的安装角较小，有利于提高机床运动的平稳性和加工精度。

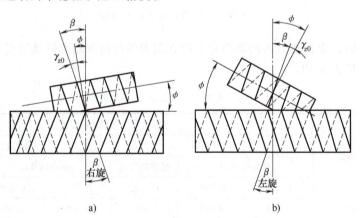

图 4-17 滚刀的安装角示意图
ϕ—安装角 γ_{z0}—滚刀的螺纹升角 β—工件的螺旋角

（3）**滚刀角度的调整** 首先松开刀架的锁紧螺母，然后手摇刀架上转角度的方头手柄，通过蜗轮、蜗杆带动刀架旋转；按所需安装角调整完刀架角度后，将松开的锁紧螺母紧固好。滚刀刀架转角调整的误差对滚切 5 级、7 级、8 级、9 级齿轮分别允许为 3′、5′、10′、15′。

（4）**对刀** 滚刀装好后应对好中心，否则，会影响被切齿轮左右齿面的齿形误差。通过对中保证滚刀一个刀齿或齿槽的对称中心线与工件中心线的重合。对刀方法如图 4-18 所示。

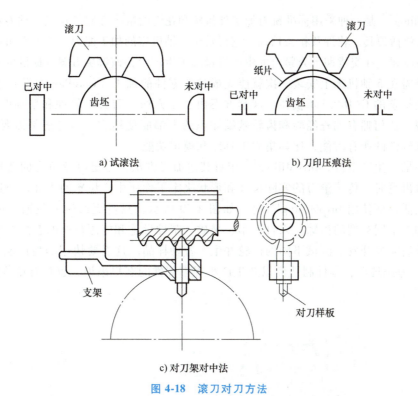

a) 试滚法　　　　　　　　b) 刀印压痕法

c) 对刀架对中法

图 4-18　滚刀对刀方法

1）试滚法。先用目测对中，然后开动机床，并径向移动滚刀，在齿坯外圆上切出一圈很浅（<0.1mm）的刀痕，如图4-18a所示，如果不对称，可以移动刀架主轴轴向移位手柄进行调整。

2）刀印压痕法。将滚刀的前刀面转移到水平位置，然后径向移动滚刀，使滚刀的任何一个刀齿或刀槽移近齿坯的中心位置，再在刀齿和工件之间放一张薄纸，将纸压紧在工件上，观察滚刀中间槽相邻两切削刃的左右侧是否同时在纸上落有刀痕，如图4-18b所示。由于滚刀刀尖圆角有误差，目测也会有误差，不会对得很准，有条件时，也可以用塞尺塞入两个刀尖，若两间隙一致，就说明滚刀对中了。

3）对刀架对中法。对7级以上精度的齿轮，可用对中架进行对中，如图4-18c所示。对中时，应使用与滚刀模数相同的对刀样板，调整滚刀主轴的轴向位置，使对刀样板紧贴滚刀齿槽两侧切削刃即可。

4.2.4　新技术新工艺

加工齿轮通常需要针对特定的齿形使用专用刀具。InvoMilling^{TM} 是一项外齿轮、花键和直齿锥齿轮加工工艺，能够使用标准机床完成齿轮加工。通过更改数控程序而不是更换刀具，一次刀具装夹便能加工许多种齿形，如图4-19所示。使用多任务机床或5轴加工中心，通过一次装夹便能加工出整个零件，因此，InvoMilling^{TM} 能够缩短交付周期并显著缩短总制造时间。

图 4-19　InvoMilling^{TM} 示意图

InvoMilling^{TM} 是一种采用标准铣刀加工外齿轮和花键的解决方案。这是一项专利技术，整个解决方案包括刀具、软件及相关培训。它得益于 5 轴机床的加工能力，该方案可实现一套刀具生产多种齿廓。在交货期十分紧迫的中小批量加工生产中，该解决方案可提供更多灵活性。

客户只需在 5 轴机床上安装一次就能完成整个零件的加工。CoroPak 中发布了整套解决方案，包括复杂的 CAD/CAM 软件。这套方案由加工方法、刀具、软件和培训四部分组成。软件很直观，任何拥有编程经验和齿轮基础知识的人都能使用它，但是还是需要接受培训，以便了解该软件的所有潜能，比如集成工具库和模拟功能。

对中小批量生产来说，InvoMilling^{TM} 相对其他加工方法，是更具竞争力的选择，尤其在加工大模数齿轮时。传统滚刀的实际尺寸和形状决定了你所生产齿轮的齿廓，但这种加工方法非常不灵活，而使用 InvoMilling^{TM} 时，如图 4-20 所示，只需更改输入数据，你就能使用相同刀具加工不同类型的齿廓。来自汽车、采矿、基础设施和能源行业的客户对此非常感兴趣，因为他们需要开发、测试不同的齿轮并生产各种样品。这需要快速的生产能力。InvoMilling^{TM} 对于为修理厂、零件制造商以及生产小规模部件的客户来说，也具有竞争优势。

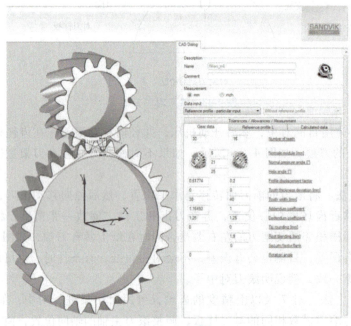

图 4-20　InvoMilling^{TM} 软件界面

任务 4.3　确定滚削的切削用量

4.3.1　任务描述

为滚削圆柱齿轮确定切削用量。

【知识目标】

1. 熟悉齿轮加工机床的切削运动及切削原理。

2. 熟悉工件安装。

3. 熟悉齿轮加工操作步骤。

【能力目标】

1. 能正确安装工件。

2. 会操作滚齿机并按要求加工齿轮。

【素养目标】

1. 培养学生具有法治意识，开拓创新精神。

2. 树立学生民族自信心，具有爱国精神。

【素养提升园地】

徐强精度——用专注创造奇迹

"创新无处不在，每一次效率的提升，每一次精度的提高，一点一滴的成本降低，都是创新。"徐强说。2004 年，客户要求生产一个精度为 5 级的大型齿轮，齿轮加工有 12 个精度等级，1 级最高。齿面宽模数小的大型齿轮要达到 5 级精度，难度相当大。稍有疏忽，编错一个程序，摁错一个按钮，都会导致齿轮报废，不仅会损失几十万元，更会损害企业信誉，辜负用户的信任。在加工过程中，徐强时刻提醒自己要细心、要专注。可喜的是，严谨专注的工作态度使徐强加工的齿轮精度达到了 4 级！这不仅满足了客户要求，更创下了全国大型齿轮加工精度之最，达到世界先进水平，这在当时是一个奇迹。就连德国专家也忍不住惊叹："虽然我们的设备设计上可以达到这个精度，但真正能在操作中实现这个精度的人实在太少，徐的技术令我感到吃惊！"。自此，同行将徐强创造出的高精度纪录称为"徐强精度"。这个精度，每年能为企业创造 4000 多万元的价值。"徐强精度"是一条别人没有走过的路，毫无疑问，它是一次精彩的创新，徐强通过不断创新挑战前人未达到的高度，让世界为当代中国工人喝彩。有一次，公司派徐强到大连某企业操作新购进的 ZP08 机床，熟悉不到一个小时，他便能熟练使用，并在极短的时间，出色地完成了加工任务。这一幕，被正在对该企业进行操作培训的德国操作技人员看到，便私下邀请他做售后技术指导，待遇与他们相同，年薪几十万。"徐，我们看中了'徐强精度'。"那人很诚恳。"'徐强精度'不是我个人的，我没有权利卖出它。"徐强没有丝毫犹豫地告诉他，"'徐强精度'属于沈鼓集团，属于中国企业"。因为他明白，国家、企业培养出一名优秀的技术工人是多么不容易，而他的每一步成长，都离不开给予他帮助的工友、师长，培育他的车间和企业，是党和国家培养了他。"'沈鼓'是我的家，我从未想过要离开她。"徐强常常鞭策自己"人生要常怀感激之情，常葆进取之志，常存敬畏之念"，在他看来，只有在沈鼓集团，他的人生价值才能真正得到升华。沈鼓集团把徐强培养成一名"大国工匠"，他也不负众望地创造出"徐强精度"为企业争光，并将"徐强精度"无私传授更多青年产业工人，为振兴沈阳老工业基地贡献力量，带领中国齿轮走出中国，冲向世界。

"师傅对待工作特别严谨认真，对我们要求也非常严格，但是生活中却对我们十分关心。"徐强的徒弟余宝华如是说。从 2002 年进厂来，余宝华就一直师从徐强，在他心目中，徐强一直是他的榜样。严师出高徒，徐强带出的 5 个徒弟都已经成为企业的生产骨干，分别荣获"优秀团员"和"生产服务明星""公司青年岗位能手"等光荣称号。"一花独放不是春，我期盼青出于蓝，而胜于蓝。只有涌现出更多具备高技能高素养的人才，企业才更有竞争力。"，徐强希望年轻工匠能超越自己，让装备制造业在激烈的市场竞争中保持持久旺盛的生命力。

4.3.2　任务实施

1. 确定工艺装备

滚齿机：根据齿轮模数及最大加工直径，选择 Y3150E 滚齿机。

切削用量：该齿轮模数为 4mm，安排两次走刀。根据《金属切削加工手册》拟订第一次走刀进给量 3mm/r，第二次走刀进给量 0.5mm/r；第一次走刀滚削速度为 40m/min，第二次走刀滚削速度为 85m/min。

切削液：根据工件材料选择氯化极压切削油。

2. 安装齿轮

该齿轮为中批量生产，以内孔和端面定位，将齿坯套在心轴上，然后用螺母和垫片夹紧。

3. 操作滚齿机加工齿轮

将毛坯牢固地安装在心轴上，将滚刀杆装到主轴上时，用刀杆紧固螺栓固定。滚刀装上后，再将后轴承装上，用压板压紧，最后将滚刀紧固，调整交换齿轮，脱开差动离合器，对刀，打开电源开关。加工过程中应随时注意机器的运转状况，并对产品进行及时检验，发现问题及时纠正。

4. 检查与考评

（1）检查

1）检查工件安装的正确性。

2）检查齿轮加工是否达到图样要求。

3）检查安全生产知识。

（2）考评

考核评价按表 4-11 中的项目和评分标准进行。

表 4-11　评分标准

序号	考核评价项目		考核内容	学生自检	小组互检	教师终检	配分	成绩
	任务 4.3　确定滚削的切削用量							
1	全过程考核	知识能力	齿轮加工机床运动及原理				20	
			工件安装步骤及注意事项					
			齿轮加工过程及加工质量					
2		技术能力	具备信息搜集，自主学习的能力				40	
			具备分析解决问题，归纳总结及创新能力					
			能够根据加工要求正确选用滚刀					
3		素养能力	以德为先、爱岗敬业，强化社会责任感、安全意识、信息素养、传承"敬业、精益、专注、创新"的工匠精神				20	
4			任务单完成				10	
5			任务汇报				10	

4.3.3　知识链接

1. 滚齿切削用量的选择

（1）滚齿原理　滚齿加工属展成法加工。用齿轮滚刀加工齿轮的过程，相当于一对交错轴螺旋齿轮副的啮合滚动过程，如图4-21所示。将其中的一个齿轮齿数减少到一个或几个，轮齿的螺旋角很大，就形成了蜗杆形齿轮。再将"蜗杆"开槽并铲背，就形成了齿轮滚刀。因此滚刀实际上是一个斜齿圆柱齿轮，当机床的传动系统使该刀具和工件严格地按一对斜齿圆柱齿轮的速比关系做旋转运动时，该刀就可以在工件上连续不断地切出齿轮轮齿来。

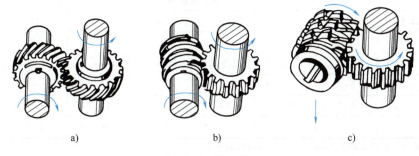

a)　　　　　　　　b)　　　　　　　　c)

图 4-21　滚齿原理

（2）切削用量的选择　切削用量的选择应根据被加工齿轮的模数、材料、精度、夹具及刀具等情况而定，原则是在保证工件质量和合理滚刀寿命的前提下，根据机床、夹具-工件系统、刀具系统的刚性及其生产率等因素确定。

1）走刀次数（背吃刀量）的选择。整个轮齿的加工一般不超过2~3次走刀（表4-12）。如果由于机床功率或刚性不足，可采用二次粗走刀，第一次走刀时，其背吃刀量取为 $1.4m$（模数），第二次取为 $0.8m$（模数）。粗走刀时，建议用齿厚减薄的粗切滚刀加工，精切滚刀只用其侧刃进行切削。滚齿后要进行剃齿或磨齿时，一般采用一次走刀加工。

表 4-12　滚齿走刀次数

模数/mm	走刀次数/次	应留余量
≤3	1	切至全齿深
>3~8	2	留精切余量 0.5~1mm
>8	3	第一次切去 $(1.4~1.6)m$ 第二次留精切余量 0.5~1mm

2）进给量的选择。为了保证较高的生产率，应尽可能采用较大的进给量。粗加工时，由于机床-工件-滚刀系统的刚性不足而使滚刀刀架产生振动是限制进给量提高的主要因素。精加工时，齿面粗糙度是限制进给量的主要因素。

根据机床刚性可把立式滚齿机按表4-13分组。粗加工进给量可按表4-14选用。修正系数见表4-15。精加工进给量按表4-16选用。

表 4-13　根据机床刚性的立式滚齿机分组

机床组别	主电动机功率/kW	最大加工模数/mm	滚齿机型号
I	1.5~3	3~6	YBA3120, YBS3112, Y38 等
II	3~5	5~8	Y3150E, Y3150, YB3120, YB3115 等
III	5~8	6~12	YBA3132, YX3132, YKS3132, YK3180A, Y3180H 等
IV	10~14	10~18	Y31125E, YKS3140, YKX3140 等
V	≥15	16~30	Y31200H 等

表 4-14　滚刀粗加工进给量　　　　　（单位：mm/r）

机床组别	加工模数/mm							
	2.5	4	6	8	12	16	22	26
I	2~3	1.5~2	—	—	—	—	—	—
II	3~4	2~3	1.5~2.5	1.5~2	—	—	—	—
III	4~5	3~4	2.5~3.5	2~2.5	1.5~2	—	—	—
IV		4~5	3.5~4.5	3~4	2.5~3	2~3	—	—
V			4~5	3.5~4.5	3~4	2.5~3.5	2~3	1.5~2

注：1. 当被加工齿轮夹紧刚性较弱时，进给量应取最小值。
　　2. 当工件条件改变时，表中数值应乘以修正系数，见表 4-15。

表 4-15　修正系数

被加工齿轮材料硬度			被加工齿轮螺旋角				滚刀			
布氏硬度	<220	<320	螺旋角/(°)	0	<30	<45	滚刀头数	1	2	3
修正系数	1.0	0.7	修正系数	1.0	0.8	0.65	修正系数	1.0	0.7	0.5

表 4-16　滚刀精加工进给量　　　　　（单位：mm/r）

Rz/μm 不大于	模数/mm	
	<12	>12
80	2~3	3~4
40	1~2	1.5~2.5
20	0.5~1	—

注：齿轮的精切应在机床-工件-滚刀系统刚性好的设备上进行，要保证被加工齿轮夹紧可靠，无振动；滚刀（或刃磨）精度好，侧刃上无缺口、划痕和其他缺陷；滚刀安装在机床上的跳动应不大于 0.01mm。

3）切削速度的选择。根据上述所取得的走刀次数、进给量，考虑被加工材料性质、齿轮模数和其他加工条件来确定切削速度，其值见表 4-17。修正系数见表 4-18。

表 4-17　高速钢标准滚刀粗切轮齿时的切削速度

模数	进给量/(mm/r)						
	0.5	1.0	1.5	2.0	3.0	4.0	5.0
2~4	85	60	50	45	40	35	30
5~6	75	55	45	40	35	30	25

（续）

模数	进给量/（mm/r）						
	0.5	1.0	1.5	2.0	3.0	4.0	5.0
8	60	45	35	30	25	22	—
10	58	43	35	30	25	21	—
12	58	41	31	29	23	21	—
16	49	35	29	25	20	—	—
20	48	34	29	25	20	—	—
24	45	30	24	20	—	—	—
30	35	25	20	—	—	—	—

注：切削速度在被加工材料的力学性能、化学成分、滚刀头数、加工类型等发生变化时，应进行修正。修正公式为：$v = v'K_{v1}K_{v2}K_{v3}K_{v4}$，式中 v' 为上表中的切削速度，$K_{v1}K_{v2}K_{v3}K_{v4}$ 为修正系数，由表4-17查得。

表4-18　修正系数

被加工材料的力学性能						被加工材料的化学成分				
布氏硬度	160	190	220	250	300	材料	碳钢（35、45钢等）	低合金钢（20Cr、20CrMnTi等）	合金钢（6CrNiMo、18CrNiWA等）	灰铸铁
R_m/GPa	0.55~0.60	0.65~0.70	0.75~0.80	0.85~0.90	1.0~1.11					
K_{v1}	1.25	1.0	0.8	0.7	0.4	K_{v2}	1	0.9	0.75	0.8
滚刀				加工类型						
滚刀头数	1	2	3	加工类型	粗切		半精切		精切	
K_{v3}	1	0.75	0.65	K_{v4}	1		1.2		1.4	

注：切削速度还与滚刀寿命、滚刀的刀尖圆角、滚齿机的刚性等各种因素有关。

采用涂层滚刀可以适当提高切削速度，一般可以提高30%~50%；采用硬质合金滚刀可以使切削速度提高4倍。

2. 插齿机

插齿机主要用于加工直齿圆柱齿轮，尤其适用于加工在滚齿机上不能滚切的内齿轮和多联齿轮。

（1）**插齿机的工作原理**　插齿机是按展成法原理来加工齿轮的。插齿刀实质上是一个端面磨有前角，齿顶及齿侧均磨有后角的齿轮。如图4-22a所示，插齿时，插齿刀沿工件轴向做直线往复运动以完成切削主运动，在刀具和工件轮坯做无间隙啮合运动的过程中，在轮坯上渐渐切出齿廓。加工过程中，刀具每往复一次，就切出工件齿槽的一小部分，齿廓曲线是在插齿刀切削刃多次相继的切削中，由切削刃各瞬时位置的包络线形成的，如图4-22b所示。

（2）**插齿机的工作运动**　加工直齿圆柱齿轮时，插齿机应具有如下运动：

1）主运动。插齿机的主运动是插齿刀沿其轴线（即沿工件的轴向）所做的直线往复运动。

2）展成运动。加工过程中，插齿刀和工件必须保持一对圆柱齿轮的啮合运动关系，即在插齿刀转过一个齿时工件也转过一个齿。工件和插齿刀所做的啮合旋转运动即为展成运动。

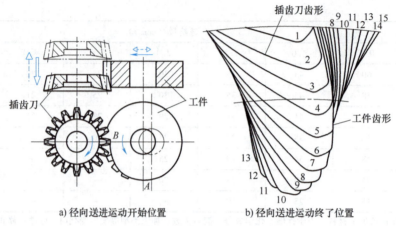

a) 径向送进运动开始位置   b) 径向送进运动终了位置

图 4-22　插齿加工原理

3）圆周进给运动。圆周进给运动是插齿刀绕自身轴线的旋转运动，其旋转速度的快慢决定了工件转动的快慢，也直接关系到插齿刀的切削负荷、被加工齿轮的表面质量、机床生产率和插齿刀的使用寿命。

4）径向切入运动。开始插齿时，如插齿刀立即径向切入工件至全齿深，将会因切削负荷过大而损坏刀具和工件。为了避免这种情况，工件应逐渐地向插齿刀做径向切入。如图 4-22a 所示，开始加工时，工件外圆上的 A 点与插齿刀外圆相切，在插齿刀和工件做展成运动的同时，工件相对于刀具做径向切入运动。当刀具切入工件至全齿深后（至 B 点），径向切入运动停止，然后工件再旋转一整转，便能加工出全部完整的齿廓。

5）让刀运动。插齿刀向上运动（空行程）时，为了避免擦伤工件齿面和减少刀具磨损，刀具和工件间应让开一小段距离（一般为 0.5mm），而在插齿刀向下开始工作行程之前，应迅速恢复到原位，以便刀具进行下一次切削，这种让开和恢复原位的运动称为让刀运动。让刀运动可由安装工件的工作台移动来实现，也可由刀具主轴摆动实现。

3. 磨齿机

磨齿机是用磨削方法对淬硬齿轮的齿面进行精加工的精密机床。通过磨齿可以纠正磨削前预加工中的各项误差。齿轮精度可达 6 级或更高。按齿廓的形成方法，磨齿有成形法和展成法两种，大多数的磨齿机以展成法来磨削齿轮。

（1）按成形法工作的磨齿机　这类磨齿机又称成形砂轮型磨齿机。它所用砂轮的截面形状被修整成工件轮齿间的齿廓形状。图 4-23a 所示是磨削内啮合齿轮用的砂轮截面形状，图 4-23b 所示是磨削外啮合齿轮用的砂轮截面形状。

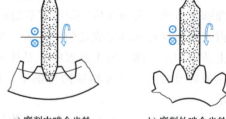

a) 磨削内啮合齿轮   b) 磨削外啮合齿轮

图 4-23　成形砂轮磨齿

采用成形法磨齿时，砂轮高速旋转并沿工件轴线方向做往复运动。一个齿磨完后，工件需分度一次，再磨第二个齿。砂轮对工件的切入进给运动由安装工件的工作台做径向进给运动得到。这种磨齿方法使机床的运动比较简单。

（2）按展成法工作的磨齿机

1）蜗杆砂轮型磨齿机。蜗杆砂轮型磨齿机是用直径很大的修整成蜗杆形的砂轮磨削齿轮，其工作原理与滚齿机相同，如图 4-24a 所示。蜗杆形砂轮相当于滚刀，其旋转运动（即主运动）与工件的旋转运动组成一个复合成形运动，形成渐开线齿廓。

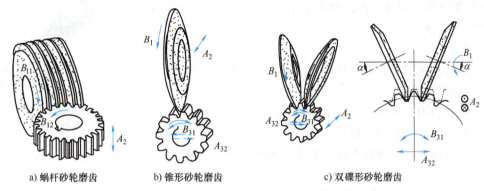

a) 蜗杆砂轮磨齿　　　b) 锥形砂轮磨齿　　　　　c) 双碟形砂轮磨齿

图 4-24　锥形砂轮磨齿

2）锥形砂轮型磨齿机。锥形砂轮型磨齿机是利用齿条和齿轮啮合的原理来磨削齿轮的，它所使用的砂轮截面形状是按照齿条的齿廓修整的。当砂轮按切削速度高速旋转，并沿工件齿线方向做直线往复运动时，砂轮两侧面的母线就形成了假想齿条的一个齿廓，如图 4-24b 所示。这类机床磨削齿轮时，是按单齿分度法磨削的，每一个齿槽的两侧面均需分别进行磨削。工件向左滚动时，磨削左侧的齿面，向右滚动时，磨削右侧的齿面。工件往复滚动一次，磨完一个齿槽的两侧齿面后，工件退离砂轮，并进行分度。分度时，工件在不做直线移动的情况下绕其轴线转过一个齿。

3）双碟形砂轮型磨齿机。双碟形砂轮型磨齿机也是按单齿分度法磨削的。该磨齿机用两个碟形砂轮的端平面（由实际宽度约为 0.5mm 的工作棱边所构成的环形平面）来形成假想齿条的一个轮齿两侧齿面，同时磨削齿槽的左右齿面，如图 4-24c 所示。

4. 剃齿机

剃齿机是一种齿轮精加工机床，主要用于滚齿或插齿后的软齿面及中硬齿面（小于35HRC）的内、外直齿及斜齿圆柱齿轮的精加工，特别是台肩齿轮、鼓形齿轮和小锥度齿轮的精加工。剃齿后的齿轮精度为 7~6 级，齿面的表面粗糙度达 Ra 为 $1.25~0.8\mu m$ 。

（1）剃齿机的类型　剃齿机的种类按所能加工齿轮的最大直径可分为小型、中型及大型三类。小型剃齿机加工齿轮的最大直径为 125mm，最大模数为 1.5mm；中型剃齿机用途最广，加工齿轮的最大直径分别为 200mm、320mm、500mm 三种规格，最大模数在 8mm 以下；大型剃齿机加工齿轮的最大直径为 800~2500mm，最大模数可达 12mm。

按剃齿机的性能特征可分为普通型剃齿机、万能型剃齿机和径向切入型剃齿机。

（2）剃齿机的适用范围　剃齿机在齿轮加工制造业中广泛用于圆柱齿轮的精加工，它是一种高效的精加工设备，不但适合单件生产，更适用于批量及大量生产，齿轮模数为 0.3~12mm，直径在 10~2500mm 的工件都可采用剃齿作为精加工工序。径向剃齿机还可剃削近距离的台肩齿轮，在提高加工效率和简化机床结构方面效果显著，广泛地用于汽车、摩托车、农业机械等大量生产齿轮的行业中。

4.3.4　新技术新工艺

CoroMill[®] 176 是高速钢刀具的一种高生产率替代方案，如图 4-25 所示。CoroMill[®] 176

是可重磨高速钢滚刀的一种经济性更高的替代方案，设计用于加工模数范围为 3~10mm 的齿轮。它能够达到更高的切削速度，而且换刀简单快捷，因此缩短了生产周期，使其成为高生产率铣齿的选择。

图 4-25　CoroMill® 176 高速
钢刀具

1. 优点

1）比高速钢刀具有着更低的单个齿轮总成本。

2）高切削速度。

3）更长的刀具寿命，减少了停机时间。

4）刀具转位和装卸轻松且可重复。

5）没有额外的重新修磨或重新涂层成本。

2. 特点

1）符合 DIN 3968 的质量等级 B。

2）有效齿数多，可缩短单个齿轮的加工时间。

3）作为模块化解决方案提供。该刀具选项可提供刚性非常高的滚齿解决方案，并且具有灵活和停机时间短等模块化益处。

4）iLock 刀片接口可确保更高的精度。

5）刀片转位步骤简单便捷。

项目5

钻削枪管孔

【项目导入】

工作对象：枪管类零件，加工 ϕ10mm 孔。

枪管为枪械的主要组成零件之一，枪管孔的加工属于深孔加工，且加工质量要求高。枪管可用棒料钻削制成，也可用无缝钢管加工而成。本项目通过枪管零件孔的钻削，学生可了解深孔加工刀具的类型、结构特点、使用场合，深孔加工系统以及加工质量控制。

5.1　项目描述

根据枪管零件孔的加工要求，选择合适的刀具、加工系统，并完成深孔加工、分析加工质量。

枪管零件如图 5-1 所示。

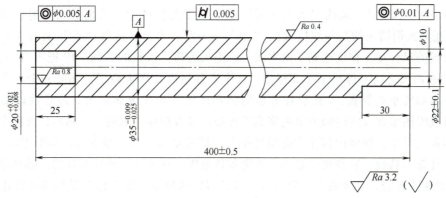

图 5-1　枪管零件

【知识目标】

1. 了解深孔加工系统。
2. 了解深孔加工刀具的类型、结构特点和使用场合。

3. 了解深孔加工的步骤及过程。

4. 了解深孔零件的加工质量控制。

【能力目标】

1. 能根据深孔零件加工要求选择加工系统、刀具。

2. 能操作机床并加工深孔。

3. 能根据加工缺陷分析原因。

【素养目标】

1. 具有规范操作的意识。

2. 具备吃苦耐劳的品质。

3. 具有国防精神和红色军工精神。

【素养提升园地】

航天无小事，成败在毫厘

以新一代运载火箭长征七号活动发射平台为例，在不足 200mm 的关键控制件上，大大小小分布着各种规格的阀孔 70 余个，每个阀孔的加工精度都必须控制在 0.02mm 之内，相当于人头发丝 1/3 粗细。这些阀孔的加工质量直接影响到发射平台支撑装置起降的精度和平衡度，稍有误差就有可能导致火箭发射后无法精确入轨。

工艺难度十分苛刻，以往加工此类零件的成功率仅有 20%。为攻克这一难关，韩利萍绞尽脑汁，反复研究加工方案。那段时间她走路时在琢磨，吃饭时也在琢磨，经常一个人泡在车间里研究。经过 3 个月上百次验证，她最终实现了对整个工艺过程的精准掌控，产品一次交验合格率达 100%。

2017 年 4 月 20 日，运载"天舟一号"货运飞船的长征七号火箭成功发射，重量达到 600t，而托举火箭腾飞的是一双巨大的"手"——发射平台。这双"手"上有 4 万多个零件，最关键的零件加工精度达到了微米级，它是火箭精准入轨的基础。19 把刀具一次装夹，73 个孔要在两天之内不停机加工完毕。"这个零件精度要求太高了。你废一个，就全部废了，每一步都得小心翼翼。"接受任务后的韩利萍感觉责任重如泰山。最终她以精湛的技艺，带领班组同事在规定时间内出色完成了任务，赢得现场专家的一片喝彩！火箭发射平台阀体类零件孔系多，腔体内部孔和孔相贯相交，精密度高，加工难度大，如果考虑不细致、不全面，计算不精确，轻则尺寸超差，重则零件报废，这个让人头痛的难题，韩利萍却有着"独到"的加工思路。"遵顺序、听声音、看铁屑、勤测量、凭手感"是她多年操作经验的积累，也是她确保零件加工一次成功的"绝活"。"小孔、深孔、斜孔先行""先粗后精"的加工顺序，刀具的优选，切削参数的合理匹配，减小毛刺的方法等，都是韩利萍一点一滴积累起来的"绝技"。凭着这些绝技，她圆满完成了包括长征七号、长征五号、长二 F 在内的多项重大宇航产品地面发射设备的生产制造。发射卫星、火箭，这本来是韩利萍孩提时觉得最神秘和遥远的事情，谁能想到，她长大后竟成了火箭发射的幕后英雄。

5.2　项目实施

1. 分析零件图，确定加工顺序

该零件最大外形尺寸为 $\phi35mm \times 400mm$，要求加工 $\phi10mm$ 孔，长 375mm，尺寸精度为 IT10 级、表面粗糙度为 $Ra3.2\mu m$。

加工顺序：下料→调质→车外圆、端面→深孔钻→磨外圆、内孔→终检。

2. 选择加工系统

分析深孔加工系统特点及使用场合，结合该零件特征，选择枪钻加工系统。

3. 确定切削用量

枪钻切削用量与工件材料、孔径大小有关。由于孔径小而深，靠切削液的压力排出切屑，因此进给量宜小。查进给量选择图，进给量取 0.02mm/r，切削速度为 60m/min。

4. 钻削枪管孔

将工件和刀具装好后，调整手柄到指定的进给量和转速，打开电源开关，开始钻孔，观察加工过程。

5. 检查与考评

（1）检查

1）检查枪管孔加工是否达到图样要求。

2）检查安全文明生产知识。

（2）考评

考核评价按表 5-1 中的项目和评分标准进行。

表 5-1　评分标准

项目 5　钻削枪管孔							
序号	考核评价项目		考核内容	学生自检	小组互检	教师终检	配分	成绩
1	全过程考核	知识能力	相关知识点的学习				20	
			能分枪管结构工艺性					
			能拟订枪管孔加工方法及顺序					
2		技术能力	具备信息搜集，自主学习的能力				40	
			具备分析解决问题，归纳总结及创新能力					
			能够根据加工要求正确选用孔加工刀具					
3		素养能力	团队协作、社会主义核心价值观、红色精神、国防精神、劳动意识				20	
4			任务单完成				10	
5			任务汇报				10	

5.3　知识链接

1. 深孔定义

深孔是指孔的深度与直径比 $L/D>5$ 的孔。对于普通的深孔，如 $L/D = 5 \sim 20$，可以将普通的麻花钻接长而在车床或钻床上加工。对于 $L/D = 20 \sim 100$ 的特殊深孔（如枪管和液压筒等），则需要在专用设备或深孔加工机床上用深孔刀具进行加工。

2. 深孔加工的特点

1）刀杆受孔径的限制，直径小、长度大，造成刚性差、强度低，切削时易产生振动、波纹、锥度，而影响深孔的直线度误差和表面粗糙度值。

2）在钻孔和扩孔时，切削液在没有采用特殊装置的情况下，难以输入到切削区，使刀具寿命降低，而且排屑也困难。

3）在深孔的加工过程中，不能直接观察刀具的切削情况，只能凭工作经验听切削时的声音、看切屑、手摸振动与工件温度、观仪表（油压表和电表）来判断切削过程是否正常。

4）切屑排出困难，必须采用可靠的手段进行断屑及控制切屑的长短与形状，以利于顺利排出，防止切屑堵塞。

5）为了保证深孔加工能顺利进行且达到所要求的加工质量，应增加刀具内（或外）排屑装置、刀具引导和支承装置以及高压冷却润滑装置。

6）刀具散热条件差，切削温度升高，使刀具的寿命降低。

3. 深孔加工系统

（1）枪钻系统　枪钻系统主要用于小直径（一般小于35mm）深孔的钻削加工，所需切削液压力高，是最常见的深孔钻削加工方式。采用内冷外排屑方式，切削液通过中空的钻杆内部，到达钻头头部进行冷却润滑，并将切屑从钻头及钻杆外部的 V 形槽排出，如图 5-2 所示。

深孔加工系统

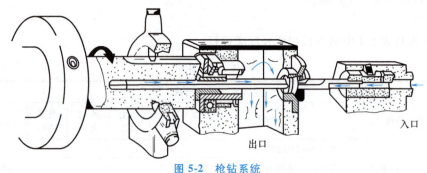

出口　入口

图 5-2　枪钻系统

（2）BTA（用高压切削液使切屑从空心钻杆孔内排出）**系统**　高压力的切削液流经介于钻头和已钻孔之间的外钻管。钻柄本身是空的，切削液随切屑进入钻体，流经钻头内的排屑槽，然后排出钻管。高切削液压力使得 BTA 系统比喷吸钻系统更加可靠，当钻削材料（如低碳钢和不锈钢）难以获得良好的断屑性能时尤为如此。BTA 系统始终是长时间连续加工的首选，如图 5-3 所示。

（3）喷吸钻系统　喷吸钻系统类似于 BTA 系统，但是其钻头是与内外钻管相连接。切削液在内外钻管间流动时会流经钻头，并且切削液完全在钻体内而不是经过钻头表面，切削液在钻体内部先流出外钻管再流经内钻管。这种独立的系统较 BTA 系统而言所需的压力更小，并且通常能够安装在通用的机床刀具中而无需对机床进行大的改造，如图 5-4 所示。

（4）DF（Double Feeder，双向供油）**系统**　DF 系统是 BTA 与喷吸钻的结合。在 DF 前端放置一个以推压方式提供切削液的高压输油器，后面放一个以吸出方式发生喷吸效应的装置。它的特点是能增大排屑量，发挥推、吸双重作用，使切削液流速加快，单位时间内的流量也相应增加，因此它的生产率很高，如图 5-5 所示。

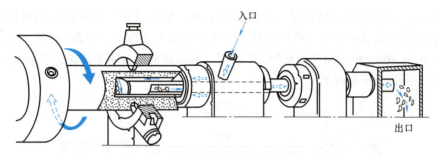

图 5-3　BTA 系统

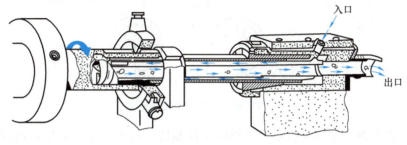

图 5-4　喷吸钻系统

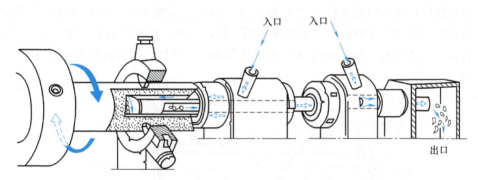

图 5-5　DF 系统

4. 深孔加工刀具（深孔钻）

（1）扁钻　如图 5-6 所示，扁钻是工厂广泛采用的一种深孔钻头。这种钻头结构简单，制造容易，在使用中除钻杆、水泵外，无其他辅助工装，因此使用方便，适用单件小批生产。切屑在一定压力的切削液的作用下，从工件内孔中排除，不需退刀排屑，可以连续钻削。适用于对精度和表面粗糙度要求不高的深孔钻削。

深孔加工刀具

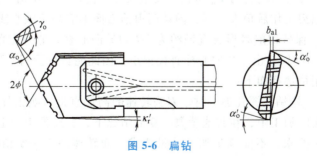

图 5-6　扁钻

（2）**枪钻**　外排屑深孔钻以单面刃的应用最多。单面刃外排屑深孔钻最早用于加工枪管，故又名枪钻。枪钻属于小直径深孔钻，主要用来加工直径为 $\phi2\sim20$mm 的小孔，孔深与直径之比可超过 100。枪钻的结构如图 5-7 所示，它的切削部分采用高速工具钢或硬质合金，工作部分用无缝钢管压制成形。

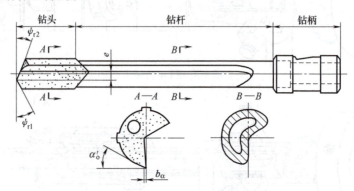

图 5-7　单刃外排屑小深孔枪钻

枪钻的工作原理如图 5-8 所示。工作时工件旋转，钻头进给，高压切削液（为 3.5～10MPa）从钻杆尾端注入，经钻杆和切削部分的进液孔送入切削区以冷却、润滑钻头；切削液经冷却切削区后把切屑经钻杆外的 V 形槽从所钻孔内冲刷出来，故称外排屑。排出的切削液经过过滤、冷却后流回液池，可循环使用。枪钻对加工长径比达 100 的中等精度的小深孔甚为有效。常选用 $v_c=40$m/min，$f=0.01\sim0.2$mm/r，乳化切削液的压力在 6.3MPa、流量为 20L/min。

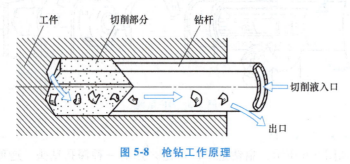

图 5-8　枪钻工作原理

枪钻切削部分的重要特点是：仅在轴线一侧有切削刃，没有横刃。使用时重磨内、外切削刃后刀面，形成外切削刃余偏角 $\psi_{r1}=25°\sim30°$，内切削刃余偏角 $\psi_{r2}=20°\sim25°$，钻尖偏心距 $e=d/4$。如图 5-9 所示，由于内切削刃切出孔底有锥形凸台，可帮助钻头定心导向。钻尖偏心距合理时，内、外刃背向合力 F_p 与孔壁支承反力平衡，可维持钻头的工作稳定。

为使钻心外切削刃工作后角大于零，内切削刃前刀面不能高于轴心线，一般需控制使其低于轴心线 H 距离。保持切削时形成直径约为 $2H$ 的导向心柱，它也起附加定心导向作用。H 值常取（0.01～0.015）d。由于导向心柱直径很小，因此能自行折断，随切屑排出。

枪钻加工切削用量选择如下：

1）转速的选择。枪钻在深孔加工时，刀头转速的高低直接影响工件的表面加工质量和枪钻的正常运转。实际加工中，在其他参数不变的情况下，转速低于一定值时将造成工件表面粗糙度达不到技术要求，不能满足加工质量要求，而转速高于一定值时又会造成切屑不

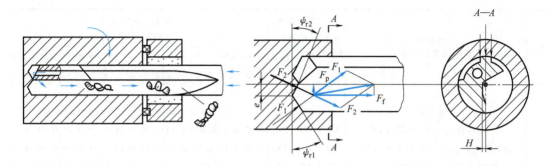

图 5-9　枪钻受力分析与导向芯柱

断，使钻杆 V 形槽出现堵塞的问题。因此，枪钻的转速选取必须有一个合理的范围，才能保证枪钻的正确使用和工件质量。枪钻的转速主要取决于所加工的材料和钻头的直径。根据表 5-2 查出切削速度，然后根据选取的钻头直径计算出转速。

表 5-2　钻头直径大小与切削速度表

Iso	工件材料 （含量为质量分数）	布氏硬度	切削速度/ （m/min）		钻头直径/（mm） 进给量/（mm/r）									
			最小	最大	3.00 3.99		4.00 4.99		5.00 5.99		6.00 6.99		8.00 9.99	
					最小	最大	最小	最大	最小	最大	最小	最大	最小	最大
P	非合金钢													
	碳含量 0.10%~0.25%	125	72	140	0.07	0.10	0.08	0.12	0.09	0.13	0.11	0.15	0.14	0.20
	碳含量 0.25%~0.55%	190	72	140	0.07	0.10	0.08	0.12	0.09	0.13	0.11	0.15	0.14	0.20
	低合金钢													
	退火	240	58	135	0.07	0.10	0.08	0.12	0.09	0.13	0.11	0.15	0.14	0.20
	调质处理	330	58	135	0.07	0.10	0.08	0.12	0.09	0.13	0.11	0.15	0.14	0.20
	高合金钢													
	退火	200	58	135	0.07	0.10	0.08	0.12	0.09	0.13	0.11	0.15	0.14	0.20
	烧结钢	150	72	119	0.07	0.10	0.08	0.12	0.09	0.13	0.11	0.15	0.14	0.20
	不锈钢	200	19	108	0.07	0.10	0.08	0.12	0.09	0.13	0.11	0.15	0.14	0.20
M	不锈钢													
	奥氏体	200	19	38	0.04	0.07	0.05	0.08	0.06	0.09	0.07	0.11	0.09	0.14
	优质奥氏体	200	19	33	0.04	0.07	0.05	0.08	0.06	0.09	0.07	0.11	0.09	0.14
	镍含量≥20%													
	双相（奥氏体/铁素体）	260	19	28	0.04	0.07	0.05	0.08	0.06	0.09	0.07	0.11	0.09	0.14
K	可锻铸铁	200	55	82	0.06	0.08	0.07	0.09	0.08	0.10	0.10	0.12	0.13	0.15
	灰口铸铁													
	低抗拉强度	180	92	138	0.12	0.14	0.14	0.16	0.16	0.18	0.19	0.21	0.25	0.27
	高抗拉强度	245	55	82	0.06	0.08	0.07	0.09	0.08	0.10	0.10	0.12	0.13	0.15
	球墨铸铁													
	铁素体	155	55	82	0.06	0.08	0.07	0.09	0.08	0.10	0.10	0.12	0.13	0.15
	珠光体	265	55	82	0.06	0.08	0.07	0.09	0.08	0.10	0.10	0.12	0.13	0.15
	ADI	300	55	82	0.06	0.08	0.07	0.09	0.08	0.10	0.10	0.12	0.13	0.15

（续）

Iso	工件材料 （含量为质量分数）	布氏 硬度	切削速度/ （m/min）		钻头直径/（mm） 进给量/（mm/r）									
			最小	最大	3.00 3.99		4.00 4.99		5.00 5.99		6.00 6.99		8.00 9.99	
					最小	最大	最小	最大	最小	最大	最小	最大	最小	最大
N	铝合金 工业纯铝	30	194	292	0.12	0.14	0.014	0.16	0.16	0.18	0.19	0.21	0.25	0.27
	铝硅合金,硅含量≤1%	100	194	292	0.12	0.14	0.014	0.16	0.16	0.18	0.19	0.21	0.25	0.27
	硅铝铸造合金,硅含量>1%且<13%	90	65	194	0.09	0.11	0.11	0.13	0.12	0.14	0.14	0.16	0.19	0.21
	硅铝铸造合金,硅含量>13%	130	65	79	0.09	0.11	0.11	0.13	0.12	0.14	0.14	0.16	0.19	0.21
	镁基合金	70	65	194	0.09	0.11	0.11	0.13	0.12	0.14	0.14	0.16	0.19	0.21

2）进给量的选择。在枪钻深孔加工中，每转进给量的选择直接关系到切屑长度和形状。实践发现，转速一定并且在枪钻负荷之内的情况下，枪钻的进给量过大或过小都会造成切屑不易断屑，很容易造成切屑堵塞、无法顺利排出的现象，所以选取一个合适的进给量非常重要。

进给量的选择取决于钻头直径和加工材料，选取进给量时，如图 5-10 所示，根据所加工的材料和钻头直径查出每转的进给量，可得到一个初步的进给量值。

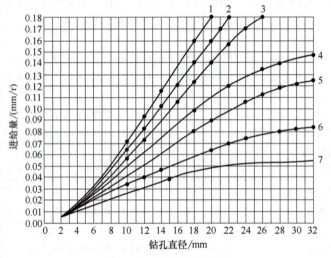

图 5-10　枪钻进给量图

1—铸铁　2—铝合金　3—GGG, GGL, GTS, GTW-<2400HBW　4—低碳钢和易切削钢
5—热处理钢，硬化钢　6—硬钢（碳化物）　7—铁素体和奥氏体特种钢

3）切削液参数的选择。在枪钻深孔加工中，切削液压力过低也是引起切屑堵塞的原因之一，它会使切屑堆积在排屑槽中，这些受挤压的切屑形成堵塞，使过大的转矩作用于枪钻，当枪钻 V 形槽被堵塞时，刀头有可能被折断。所以，切削液供给参数的选取在枪钻深孔加工中十分重要。切削液在深孔加工中的作用为冷却润滑及利用液压排出切屑。在枪钻加工中，小直径的钻头采用高压力、小流量来排出切屑；大直径的钻头采用的是低压力、大流量来排出切屑。切削液的压力 p 和流量 Q 相互依赖，它们主要取决于钻头直径 D 和钻杆的长度 L。知道了钻头的直径和钻杆的长度就可以根据图 5-11 查出切削液的流量 Q 和压力 p 的大约值。

（3）**DF 深孔钻** 如图 5-12 所示，DF 深孔钻吸收了 BTA 深孔钻和喷吸钻的优点，采用单管，排屑靠推压和抽吸双重作用，提高了排屑能力，可钻削孔径在 $\phi8mm$ 以上的深孔。

DF 深孔钻的特点：

1）排屑效果好。尤其对于直径为 6~20mm 的小直径深孔加工，其优点就更为突出。可取代部分枪钻来加工小直径的深孔。

2）只要一根钻杆，省掉了喷吸钻的内管。钻杆内有切削液的支托，切削振动较小，排屑空间较喷吸钻大，排屑顺畅。因此，加工精度略高于喷吸钻。

3）切削液压力较 BTA 深孔钻低，一般切削液压力为 1~2MPa，流量 Q 小于 135L/min。

4）生产率高。加工效率一般比 BTA 深孔钻高 1~2 倍。

5）DF 系统深孔钻加工的孔径范围为 6~180mm，长径比为 30~50，最大可达 100。但对于直径大于 65mm 的深孔，抽屑效果下降，因此，DF 系统比较适合于中、小直径的深孔加工。

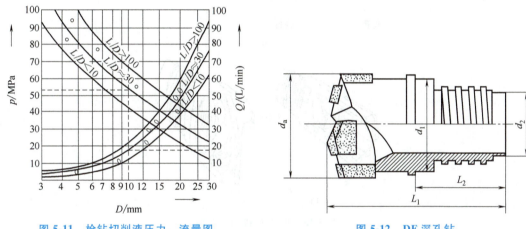

图 5-11 枪钻切削液压力、流量图   图 5-12 DF 深孔钻

（4）**BTA 内排屑深孔钻** BTA 深孔钻由钻头和钻杆组成，通过多头矩形螺纹联接成一体。图 5-13 所示是错齿内排屑深孔钻的典型结构，其工作原理如图 5-13a 所示。高压切削液（2~6MPa）由工件孔壁与钻杆外表面之间的空隙进入切削区以冷却、润滑钻头切削部分，并将切屑经钻头前端的排屑孔冲入钻杆内部向后排出，称内排屑。钻杆断面为管状，刚性好，因而切削效率高于外排屑的切削效率。它主要用于加工 $d=18~185mm$、深径比在 100 以内的深孔。

通常直径为 18.5~65mm 的钻头可制成焊接式（图 5-13b），而直径大于 65mm 的制成可转位式（图 5-13c）。切削部分由数块硬质合金刀片交错地焊在钻体上，使全部切削刃布满整个孔径，并起到分屑的作用。这样可根据钻头径向各点不同的切削速度，采用不同的刀片材料（或牌号），并可分别磨出所需要的不同参数的断屑台，采用较大的顶角，以利断屑。采用导向条以增大切削过程的稳定性，其位置根据钻头的受力状态安排，导向条的材料一般可采用 YG8 硬质合金。在内排屑深孔钻工作时，由于切屑是从钻杆内部排出而不与工件已加工表面接触，可获得良好的加工表面质量。

BTA 内排屑深孔钻除具有无横刃，内、外切削刃余偏角不等，有钻头偏距等特点外，切削刃分段、交错排列，能保证可靠分屑和断屑，而且中心和外缘刀片可选用不同材料，外缘刀片耐磨性好的材料,中心刀片用韧性好的材料。BTA 钻头推荐使用的切削用量一般为 $v_c = 60 \sim 120 \text{m/min}$,$f = 0.03 \sim 0.25 \text{mm/r}$,切削液压力 $0.49 \sim 2.96 \text{MPa}$、流量 $50 \sim 400 \text{L/min}$。

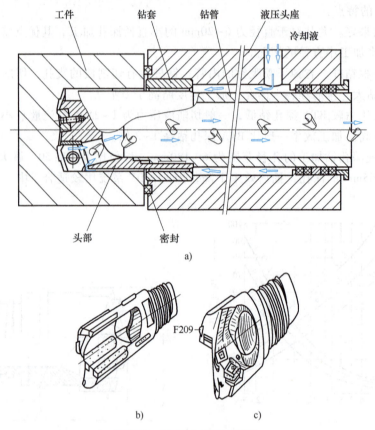

图 5-13　BTA 内排屑深孔钻

（5）深孔麻花钻　在无专用工装的情况下单件生产时,可用标准的麻花钻头加一根长钻杆来钻削深孔。但是,由于麻花钻头的容屑空间和通道的影响,不能连续排屑和冷却润滑,所以必须多次进行排屑与润滑,而增加了比之前所述钻头多许多倍的辅助时间,致使加工效率降低,但它不需要其他工装,操作技术较为简单,因而它是单件生产时常采用的深孔钻工具。深孔麻花钻结构如图 5-14 所示。

图 5-14　深孔麻花钻

采用麻花钻钻深孔时应注意的问题:

1）钻杆直径 d 应小于钻头直径 $0.3 \sim 0.8 \text{mm}$,外表面必须光滑。对于直径为 $\phi 20 \text{mm}$ 以上的钻杆可采用滚压加工,以提高钻杆表面的硬度,防止切屑碎屑拉伤。

2）锥柄钻头 A 段直径应磨小 $0.5 \sim 1 \text{mm}$,如图 5-15 所示,以防此段在钻削的过程中因硬度低而断裂,将麻花钻头部留在孔中（锥柄钻头的锥柄是一般钢在 A 段对焊而成,柄部硬度低）。

3）对直柄钻头接长钻杆的方法,采用如图 5-16 所示的焊接,它除对焊外,再在镶装部磨两个坑后焊好,磨圆即成。这样焊的钻头结实,不会在钻削中开焊。

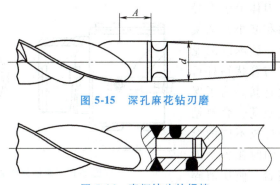

图 5-15　深孔麻花钻刃磨

图 5-16　直柄钻头的焊接

4）采用长钻杆的钻头钻深孔前，先用中心钻钻一个定位孔，再用短钻头（未加长的钻头）钻一导向孔（尽可能深一点）后，才用长钻头钻。

5）严格掌握每次进刀位置和钻削长度。每次进刀的钻削长度和钻头直径成正比，一般为5~15mm（此时的钻头直径为$\phi 5 \sim 30$mm），千万不要进给太长，以防容屑太多，增大和孔的摩擦力，而将钻头卡死在孔中而不易退出。

6）在每次退出排屑后，一定要把钻头和钻杆上的切屑碎末刷干净，并涂好润滑油。

7）要根据不同的工件材料选用不同的切削速度和进给量，以保证钻头有较合理的寿命。钻头的钻型最好采用群钻型，如采用普通钻型，就把钻头的横刃修磨窄，以减小轴向力。

（6）套料钻（环孔钻）　如图 5-17 所示，套料钻是以环形切削方式在实体材料上加工孔的钻头。套料加工能留下料芯，可以节约材料，减少机床的动力消耗。当需要从材料中心取出试样作性能检验时，套料钻是其他种类刀具所不能代替的。套料钻通常用于加工直径 $\phi 60$mm 以上的孔，套料深度可达十几米。

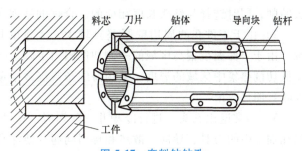

图 5-17　套料钻钻孔

套料钻分为外排屑式和内排屑式两种，如图 5-18 和图 5-19 所示。外排屑套料钻的主要优点是所需的切削液系统的设备简单，但钻杆直径较小，因而强度和刚度较差，多用于单件小批生产；内排屑套料钻依靠切削液的压力，将切屑从钻杆中冲出，因此需要配备较为复杂的供液系统和解决密封问题，但生产率高，适用于成批生产。套料钻可有一个或多个高速工

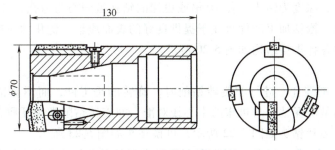

图 5-18　单齿内排屑套料钻

具钢或硬质合金刀头，刀体上装有导向块，防止切削时振动和减小孔的偏斜。导向块用硬质合金、胶木或尼龙等耐磨材料制造。刀体与管状钻杆可用焊接或特殊方牙螺纹连接。为了保证排屑畅通、降低切削负荷，套料钻各个刀头的切削刃被设计成不同的形状，使切屑分得较窄，同时在各个刀齿的前刀面上磨有断屑台，使切屑碎

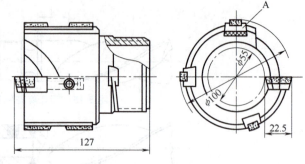

图 5-19　单齿外排屑套料钻

断。对大直径的盲孔套料时，需要用专门的切断装置，使料芯与本体分离。

套料钻适用于下列几种情况：

1）对孔的直线度和位置精度有较高的要求，孔径超过 50mm 的孔。

2）长径比为 1~65 之间的深孔使用套料钻比较经济。

3）工件材料价格昂贵或要对芯料进行测试和化学分析，需保留完整的芯部余料。

4）机床功率不足，而需钻直径较大的孔。

5.4　针对深孔加工中常见问题采取的措施

1）采取分段分级依次钻削加工。将深孔钻头分为由小到大的几种长度，依次装夹，依次钻削，同时选择与钻头长度相应的、合理的钻削参数进行加工。

2）由于工件孔的周边壁厚差异较大，大量的切削热集中在孔距工件外表面较近的区域。由于工件温度偏高区域的一侧切削阻力下降，导致所钻孔的轴线偏斜，因此，应该着重降低切削热集中区域的温度。采用海绵条吸满冷水覆盖在热量集中的区域进行冷却的办法可以收到明显效果。

3）经常退出钻头，进行冷却并清除切屑。这种简便易行的深孔加工方法较好地解决了深孔加工中的刀具、导向、散热和排屑问题，使深孔加工后的尺寸精度和表面粗糙度都有了很大提高，孔的直线度也非常好。

5.5　新技术新工艺

1. 枪钻

在机加工行业，深度为钻头直径 10 倍或更深的钻孔被归类为深孔，其中较小孔的加工，也可借助枪钻钻削。枪钻加工的优势在于提供良好的表面质量、优化的对准精度和较小的同心度偏差。枪钻的各种类型结构如图 5-20 所示。

2. 非旋转钻削

（1）非旋转钻削简介　进行非旋转钻削时，旋转的是工件，而不是钻头。使用这种方法时，极其重要的是确保钻头与机床的中心线对准。非旋转钻削常用硬质合金钻头结构如图5-21 所示，可转位刀片钻头如图 5-22 所示，可换钻头如图 5-23 所示。

（2）非旋转钻削的对中建议　最大限度地减少刀具跳动量或 TIR（总指示跳动量）以确

a)

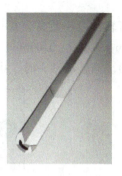

b)

CoroDrill® 428.2-双刃枪钻

- 孔径为 6～26.50mm(0.236～1.043in)
- 孔深≤100×钻头
- 孔公差等级为IT10
- 高进给，短屑材料

CoroDrill® 428.5-整体硬质合金单刃枪钻

- 直径范围为0.8～12mm(0.031～0.472in)
- 孔径≤300mm
- 孔公差等级为IT8
- 中等到大批量加工时具有良好的加工稳定性

c)

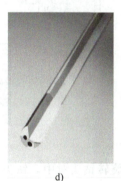

d)

CoroDrill® 428.7-高进给枪钻

- 直径范围为3～12mm(0.118～0.472in)
- 孔径≤300mm
- 孔公差等级为IT8
- 由于出色的切屑控制，因而具有高生产率

CoroDrill® 428.9-单刃枪钻-所有材料钻削的基本选择

- 直径范围为1.90～40.50mm(0.075～1.594in)
- 孔深≤100×钻头
- 孔公差等级为IT9
- 所有材料的通用选择

CoroDrill® 860整体硬质合金钻头
用于不锈钢
带内冷设计

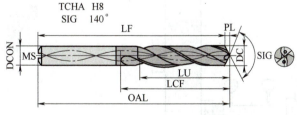

图 5-20　不同类型枪钻结构

保最佳性能。

注意：可转位刀片钻头会在孔或盘的底部形成一个小中心芯。该中心芯的尺寸应处于0.05~0.15mm（0.002~0.006in）的范围内，否则可能导致切削刃破裂、振动、孔尺寸过大以及钻体磨损。当转动钻头时，中心芯的尺寸将因位置的不同而改变。

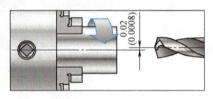

图 5-21　硬质合金钻头

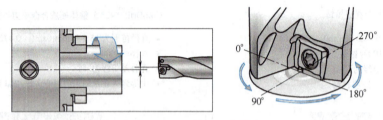

图 5-22　可转位刀片钻头

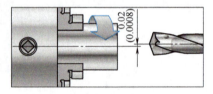

图 5-23　可换钻头

1）非旋转钻头对中。钻头必须平行于主轴轴线对中，否则，孔尺寸可能过大或过小或呈漏斗形。可以用千分表与心棒一起进行测量检测。非旋转钻头对中可换头钻头结构如图 5-24 所示。

2）具有四个定位平面的可转位刀片钻头（图 5-25）。钻头的接柄具有均匀分布的 4 个定位平面，分别在 4 个平面位置（0°、90°、180°、270°）固定钻头以加工孔。孔的测量结果将显示周边刀片相对于工件中心线的位置，进而显示机床对中状态。

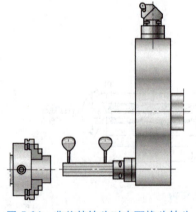

图 5-24　非旋转钻头对中可换头钻头

图 5-25　可转位刀片钻头

3）因刀架偏斜而未对准（图5-26）。数控车床的刀架偏斜可能导致问题，特别是在使用较大的钻头和高进给时，可能导致高切削力。为了测试稳定性，以低进给率和高进给率分别钻一个孔，然后测量孔尺寸。如果两个孔尺寸之间相差较大，则刀架可能存在偏斜倾向。

为了最大限度地减少刀架偏斜，先要检查能否通过将刀具安装在不同的位置将杠杆作用减至最低。安装刀具时，请务必使其尽可能靠近刀架中心。图5-26中，位置B优于位置A。如果不能做到这一点，则降低每转进给量以减小进给力。为了保持相同的生产率，可提高切削速度，因其不会影响进给力。

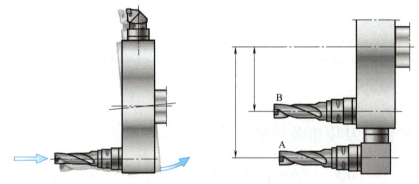

图5-26　因刀架偏斜而未对准

对于可转位钻头，如果不能避免刀架偏斜/不对准，则安装钻头时应如图5-27a所示设置周边刀片，以免钻体磨损。

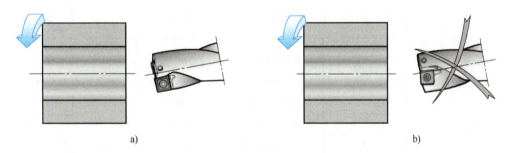

a)　　　　　　　　　　　　b)

图5-27　可转位钻头安装

附录

附录 A　可转位刀片相关标准

表 A-1　可转位刀片形状代号（摘自 GB/T 2076—2021）

类别	字母代号	形状说明	刀尖角 ε_r	示意图
I 等边等角刀片	H	正六边形刀片	120°	
	O	正八边形刀片	135°	
	P	正五边形刀片	108°	
	S	正方形刀片	90°	
	T	正三角形刀片	60°	
II 等边不等角刀片	C		80°①	
	D		55°①	
	E	菱形刀片	75°①	
	M		86°①	
	V		35°①	
	W	凸三角形刀片	80°①	
III 等角不等边刀片	L	矩形刀片	90°	

（续）

类别	字母代号	形状说明	刀尖角 ε_r	示意图
Ⅳ不等边不等角刀片	A	平行四边形刀片	85°[①]	
	B		82°[①]	
	K		55°[①]	
Ⅴ圆形刀片	R	圆形刀片	—	

① 所示刀尖角是指较小的角度。

表 A-2   常规刀片法后角值（摘自 GB/T 2076—2021）

示意图	字母代号	法后角 α_n
	A	3°
	B	5°
	C	7°
	D	15°
	E	20°
	F	25°
	G	30°
	N	0°
	P	11°
	O	其他需专门说明的法后角

表 A-3   镶片式或整体式刀片的切削刃类型（摘自 GB/T 2076—2021）

字母代号	示意图	说明
S		整体刀片
F		单面全镶刀片
E		双面全镶刀片
A		单面单角镶片刀片
B		单面对角镶片刀片
C		单面三角镶片刀片

（续）

字母代号	示意图	说明
D		单面四角镶片刀片
G		单面五角镶片刀片
H		单面六角镶片刀片
J		单面八角镶片刀片
K		双面单角镶片刀片
L		双面对角镶片刀片
M		双面三角镶片刀片
N		双面四角镶片刀片
P		双面五角镶片刀片
Q		双面六角镶片刀片
R		双面八角镶片刀片
T		单角全厚镶片刀片
U		对角全厚镶片刀片
V		三角全厚镶片刀片
W		四角全厚镶片刀片
X		五角全厚镶片刀片

（续）

字母代号	示意图	说明
Y		六角全厚镶片刀片
Z		八角全厚镶片刀片

表 A-4　标准刀片的厚度代号（摘自 GB/T 2076—2021）

刀片厚度 s		刀片厚度代号	
mm	in	公制	英制
1.59	1/16	01	1
1.98	5/64	T1	1.2
2.38	3/32	02	1.5
3.18	1/8	03	2
3.97	5/32	T3	2.5
4.76	3/16	04	3
5.56	7/32	05	3.5
6.35	1/4	06	4
7.94	5/16	07	5
9.52	3/8	09	6
12.7	1/2	12	8

附录 B　数控刀具圆锥柄部 A 型和 U 型柄的型式与尺寸（图 B-1 和表 B-1）

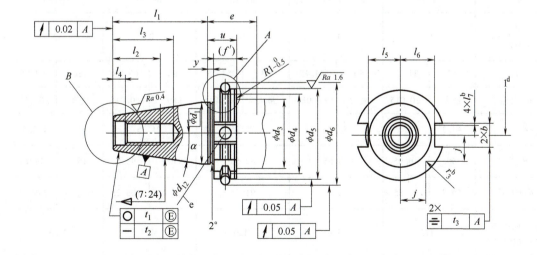

图 B-1　7∶24 圆锥柄部型式

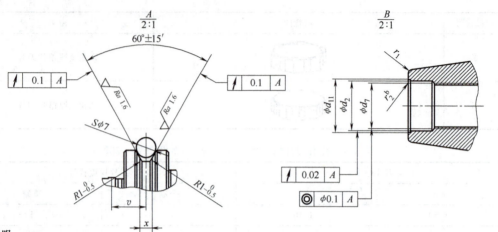

说明：

1——切削刃；

2——圆锥和法兰间的部分。

a右旋单刃切削刃的位置。

b由制造商确定(倒圆或倒角)。

c由制造商选择。

d不允许凸。

e深度0.4。

图 B-1　7：24 圆锥柄部型式（续）

表 B-1　7：24 圆锥柄部尺寸

尺寸	锥柄号									
	30		40		45		50		60	
	型式									
	A	U	A	U	A	U	A	U	A	U
$b^{+0.2}_{0}$	16.1				19.3		25.7			
d_1[①]	31.75		44.45		57.15		68.85		107.95	
d_2 H7	13		17		21		25		32	
d_3	45	31.75	50	44.45	63	57.15	80	69.95	130	107.95
d_3 公差	最大	±0.015	最大	±0.015	最大	±0.015	最大	±0.015	最大	±0.015
$d_4{}^{0}_{-0.5}$	44.3	39.15	56.25		75.25		91.25		147.7	132.8
$d_5{}^{0}_{-0.4}$	50	46.05	63.55		82.55		97.5	98.5	155	139.75
$d_6±0.05$	59.3	54.85	72.3		91.35		107.25	108.25	164.75	149.5
d_7 6H	M12		M16		M20		M24		M30	
$d_{11\,min}$	14.5		19		23.5		28		36	

（续）

尺寸	锥柄号 30		40		45		50		60	
	型式									
	A	U	A	U	A	U	A	U	A	U
d_{12}	—	9.52	—	9.52	—	9.52	—	9.52	—	9.52
e_{min}	35								38	
f ②	15.9									
$j_{-0.3}^{0}$	15	—	18.5	—	24	—	30	—	49	—
$l_{1-0.3}^{0}$	47.8		68.4		82.7		101.75		161.9	
$l_{2\,min}$	24		32		40		47		59	
$l_{3\,min}$	33.5		42.5		52.5		61.5		76	
$l_{1\,0}^{+0.5}$	5.5		8.2		10		11.5		14	
l_5	16.3		22.7		29.1		35.5		54.5	
l_5 公差	$_{-0.3}^{0}$						$_{-0.4}^{0}$			
l_6	18.8		25		31.3		37.7		59.3	56.8
l_6 公差	$_{-0.3}^{0}$						$_{-0.4}^{0}$			
$l_{7-0.5}^{0}$	1.6						2			
r_1	0.6		1.2		2		2.5		3.5	
r_1 公差	$_{-0.3}^{0}$				$_{-0.5}^{0}$					
$r_{2-0.5}^{0}$ ③	0.8		1		1.2		1.5		2	
$r_{3-0.5}^{0}$	1.6						2			
t_1	0.001				0.002				0.003	
t_2	0.002				0.003				0.004	
t_3	0.12						0.2			
$u_{-0.2}^{0}$	19.1									
$v\pm0.1$	11.1									
$x_{0}^{+0.15}$	3.75									
$y\pm0.1$	3.2									
α	8°17′50″									
α 公差	$_{0}^{+4″}$									

① d_1：测量平面上定义的基准直径。

② 仅供参考。

③ 可以用倒圆和倒角两种形式，但尺寸应限制在 d_{11} 范围内。

附录 C　镗铣类数控机床用工具系统相关标准

TSG82 工具系统如图 C-1 所示。

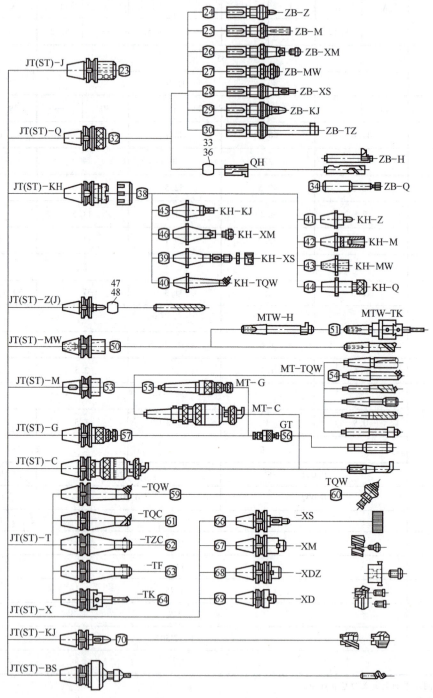

图 C-1　TSG82 工具系统

TMG21 工具系统如图 C-2 所示。

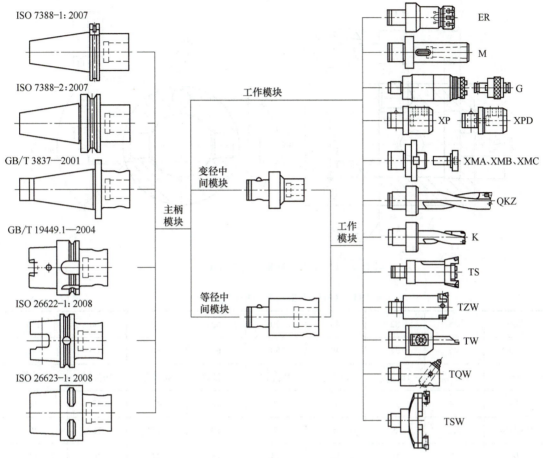

图 C-2　TMG21 工具系统

TMG21 工具系统接口各组成如图 C-3 所示零件名称。

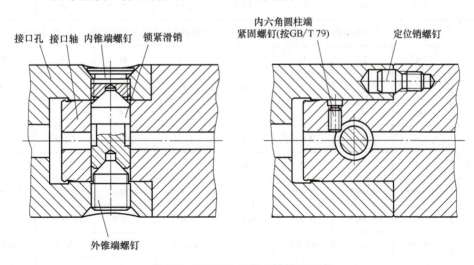

图 C-3　TMG21 工具系统接口组成

TMG21 工具系统接口孔型式如图 C-4 和图 C-5 所示，尺寸见表 C-1 和表 C-2。

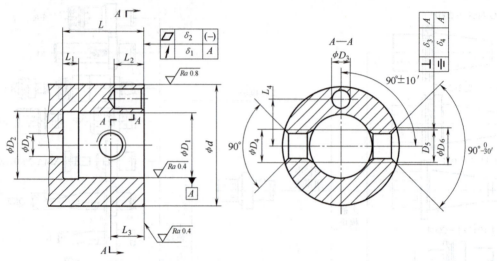

图 C-4 TMG21 工具系统接口孔型式（一）

表 C-1 TMG21 工具系统接口孔尺寸（一） （单位：mm）

规格	25	32	40	50	63	80	100	125
$d(g8)$	25	32	40	50	63	80	100	125
D_1	$13^{+0.005}_{+0.002}$	$16^{+0.005}_{+0.002}$	$20^{+0.005}_{+0.002}$	$28^{+0.006}_{+0.003}$	$34^{+0.006}_{+0.003}$	$46^{+0.007}_{+0.003}$	$56^{+0.008}_{+0.003}$	$70^{+0.009}_{+0.004}$
D_2	14	17	21	29	35	47	57	71
$D_3(H12)$	3.3	5	6	7	10	12	16	20
D_4	8	10	12	14	18	22	26	32
D_5	M6×0.75	M8×1	M10×1.25	M12×1.5	M16×1.5	M20×2	M24×2	M30×2
D_6	8.3	10.4	13.4	16.5	20.5	26	31	40
D_r	作为主柄内冷却孔由各生产厂家自行设计,作为中间模块内冷却孔根据接口轴的 D_5 尺寸设计							
L	24	27	31	36	43	48	60	76
L_1	6	7	8	8	8	8	8	10
L_2	4	7	9	10	12	14	18	25
$L_3±0.05$	8.3	10.3	11.3	13.3	17.4	20.4	24.4	30.5
$L_4(JS12)$	9.5	12	15	19.5	24.3	31	39	48.5
δ_1	0.0025	0.003	0.003	0.003	0.004	0.004	0.004	0.005
δ_2	0.003	0.004	0.004	0.005	0.005	0.006	0.006	0.008
δ_3	$\phi0.03$	$\phi0.04$	$\phi0.04$	$\phi0.05$	$\phi0.05$	$\phi0.06$	$\phi0.06$	$\phi0.08$
δ_4	0.05	0.06	0.06	0.06	0.08	0.08	0.08	0.10

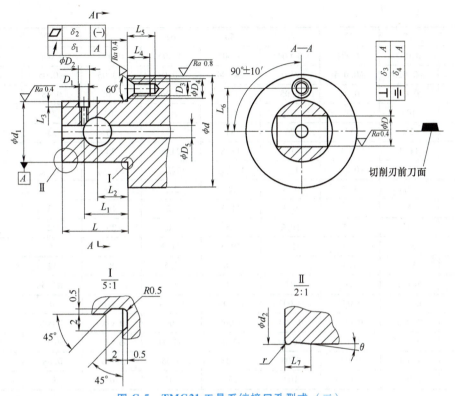

切削刃前刀面

图 C-5　TMG21 工具系统接口孔型式（二）

表 C-2　TMG21 工具系统接口孔尺寸（二）　　　　　　　（单位：mm）

规格	25	32	40	50	63	80	100	125
d（g8）	25	32	40	50	63	80	100	125
d_1	$13^{-0.002}_{-0.004}$	$16^{-0.002}_{-0.004}$	$20^{-0.002}_{-0.004}$	$28^{-0.002}_{-0.004}$	$34^{-0.002}_{-0.005}$	$46^{-0.003}_{-0.006}$	$56^{-0.003}_{-0.006}$	$70^{-0.003}_{-0.007}$
d_2（f9）	13	16	20	28	34	46	56	70
D（H8）	7	9	11	13	17	21	25	32
D_1	M2. 5-6H	M2. 5-6H	M4-6H	M4-6H	M5-6H	M5-6H	M5-6H	M6-6H
D_2	3.5	3.5	5	5	6	6	6	7
D_3	M2. 5-6H	M4-6H	M4-6H	M5-6H	M8-6H	M10-6H	M4-6H	M16-6H
D_4	3.3	5.0	6.0	7.0	10.3	12.5	16.0	20.0
D_5	4.1	6.1	6.1	7.0	7.0	8.1	14	14
L	20	23	26	31	38	43	55	70
L_1（js12）	11.3	14.1	16	18.8	24.8	20	24	30
L_2	$8^{0}_{-0.08}$	$10^{0}_{-0.08}$	$11^{0}_{-0.08}$	$13^{0}_{-0.08}$	$17^{0}_{-0.08}$	$20^{0}_{-0.08}$	$24^{0}_{-0.08}$	$30^{0}_{-0.10}$
L_3	1	1.5	1.5	2	2.5	4	5	6
L_4	5	7	9.3	11.5	12	16	18	22
L_5	7	9.5	10.2	15	16	20	22	26
L_6（js12）	9.5	12.0	15.0	19.5	24.3	31	39	48.5
L_7	3.7	4.5	5.5	6.8	7.5	8	12	16
r	R0.6	R1	R1	R1	R1	R1	R1.5	R1.5
δ_1	0.0025	0.003	0.003	0.003	0.004	0.004	0.004	0.005

（续）

规格	25	32	40	50	63	80	100	125
δ_2	0.003	0.004	0.004	0.005	0.005	0.006	0.006	0.008
δ_3	$\phi0.025$	$\phi0.025$	$\phi0.03$	$\phi0.04$	$\phi0.04$	$\phi0.05$	$\phi0.05$	$\phi0.06$
δ_4	0.04	0.04	0.05	0.05	0.06	0.06	0.08	0.08
θ	10°	10°	10°	10°	10°	10°	7°	7°
L	20	23	26	31	38	43	55	70
L_1(js12)	11.3	14.1	16	18.8	24.8	20	24	30
L_2	$8_{-0.08}^{0}$	$10_{-0.08}^{0}$	$11_{-0.08}^{0}$	$13_{-0.08}^{0}$	$17_{-0.08}^{0}$	$20_{-0.08}^{0}$	$24_{-0.08}^{0}$	$30_{-0.10}^{0}$
L_3	1	1.5	1.5	2	2.5	4	5	6
L_4	5	7	9.3	11.5	12	16	18	22
L_5	7	9.5	10.2	15	16	20	22	26
L_6(js12)	9.5	12.0	15.0	19.5	24.3	31	39	48.5
L_7	3.7	4.5	5.5	6.8	7.5	8	12	16
r	R0.6	R1	R1	R1	R1	R1	R1.5	R1.5
δ_1	0.0025	0.003	0.003	0.003	0.004	0.004	0.004	0.005
δ_2	0.003	0.004	0.004	0.005	0.005	0.006	0.006	0.008
δ_3	$\phi0.025$	$\phi0.025$	$\phi0.03$	$\phi0.04$	$\phi0.04$	$\phi0.05$	$\phi0.05$	$\phi0.06$
δ_4	0.04	0.04	0.05	0.05	0.06	0.06	0.08	0.08
θ	10°	10°	10°	10°	10°	10°	7°	7°

镗铣类数控机床用工具系统中各种常用工具的型式和尺寸如下所述。

直角型粗镗刀（TZC）如图 C-6 所示，尺寸见表 C-3。

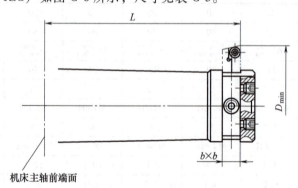

机床主轴前端面

图 C-6　直角型粗镗刀

表 C-3　直角型粗镗刀尺寸　　　　　　　　　　（单位：mm）

直角型粗镗刀型号	工作长度 L(参考)	刀头方孔 $b \times b$	最小镗孔直径 D_{min}
TZC25	135	8×8	25
TZC38	180	10×10	38
TZC50	180~240	13×13	50
TZC62	180~270	16×16	62
TZC72	225~280	19×19	72
TZC90	180~300		90
TZC105	195~285	25×25	105

倾斜型粗镗刀（TQC）如图 C-7 所示，尺寸见表 C-4。

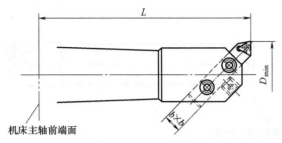

图 C-7　倾斜型粗镗刀

表 C-4　倾斜型粗镗刀尺寸　　　　　　　　　　　　　（单位：mm）

倾斜型粗镗刀型号	工作长度 L(参考)	刀头方孔 $b×b$	最小镗孔直径 D_{min}
TQC25	135	8×8	25
TQC30	165		30
TQC38	180	10×10	38
TQC42	210		42
TQC50	180~240	13×13	50
TQC62	180~270	16×16	62
TQC72	180~285	19×19	72
TQC90	180~300		90

直角型微调镗刀（TZW）如图 C-8 所示，尺寸见表 C-5。

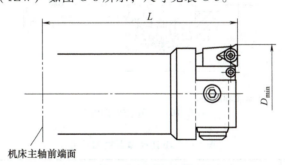

图 C-8　直角型微调镗刀

表 C-5　直角型微调镗刀尺寸　　　　　　　　　　　　（单位：mm）

直角型微调镗刀型号	工作长度 L(参考)	最小镗孔直径 D_{min}
TZW××	95~115	××
TZW××	100~125	××
TZW××	105~130	××
TZW××	120~145	××
TZW××	125~140	××
TZW××	150~175	××
TZW××	165~190	××

注：××表示最小镗孔直径数值，可由制造厂自定。

倾斜型微调镗刀（TQW）如图 C-9 所示，尺寸见表 C-6。

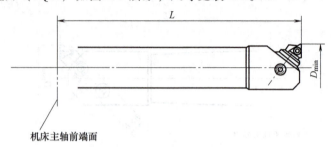

机床主轴前端面

图 C-9　倾斜型微调镗刀

表 C-6　倾斜型微调镗刀尺寸　　　　　　　　　　（单位：mm）

倾斜型微调镗刀型号	工作长度 L(参考)	最小镗孔直径 D_{min}
TQW××	135	××
TQW××	150~210	××
TQW××	180~315	××
TQW××	210	××

注：××表示最小镗孔直径数值，可由制造厂自定。

小孔径微调镗刀（TW）如图 C-10 所示，尺寸见表 C-7。

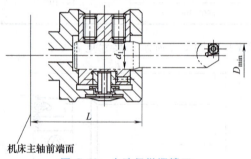

机床主轴前端面

图 C-10　小孔径微调镗刀

表 C-7　小孔径微调镗刀尺寸　　　　　　　　　　（单位：mm）

小孔径微调镗刀型号	工作长度 L(参考)	d_1	最小镗孔直径 D_{min}
TW16	65~90	16	3

80°双刃镗刀（TS80）如图 C-11 所示，尺寸见表 C-8。

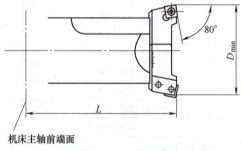

机床主轴前端面

图 C-11　80°双刃镗刀

表 C-8　80°双刃镗刀尺寸表

80°双刃镗刀型号	工作长度 L(参考)	最小镗孔直径 D_{min}
TS80××	85~100	××
TS80××	105~125	××

注:××表示最小镗孔直径数值,可由制造厂自定。

90°双刃镗刀（TS90）如图 C-12 所示，尺寸见表 C-9。

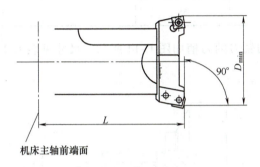

机床主轴前端面

图 C-12　90°双刃镗刀

表 C-9　90°双刃镗刀尺寸　　　　　（单位：mm）

90°双刃镗刀型号	工作长度 L(参考)	最小镗孔直径 D_{min}
TS90××	85~100	××
TS90××	105~125	××

注:××表示最小镗孔直径数值,可由制造厂自定。

三面刃铣刀的刀柄如图 C-13 所示，尺寸见表 C-10，刀杆尺寸按 DIN6360：1983（XS）。

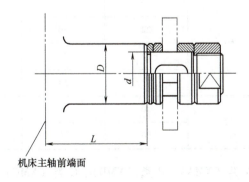

机床主轴前端面

图 C-13　三面刃铣刀的刀柄

表 C-10　三面刃铣刀刀柄尺寸　　　（单位：mm）

三面刃铣刀刀柄型号	铣刀定心直径 d h6	D	工作长度 L（参考）	平键	螺母螺纹
XS16	16	27		4×4	M14×1.5
XS22	22	34		6×6	M20×1.5
XS27	27	41	90~150	7×7	M24×2.0
XS32	32	47		8×8	M30×2.0
XS40	40	55		10×10	M36×3.0

　　套式面铣刀和三面刃铣刀的刀柄如图 C-14 所示，尺寸见表 C-11，刀杆附件尺寸按 ISO 10643（XSL）。

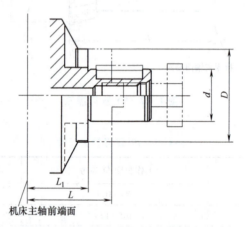

机床主轴前端面

图 C-14　套式面铣刀和三面刃铣刀的刀柄

表 C-11　套式面铣刀和三面刃铣刀的刀柄尺寸　　　（单位：mm）

套式面铣刀和三面刃铣刀刀柄型号	工作长度 L（参考）	d h6	D	$L-L_1$	平键
XSL16		16	32	10	4×4
XSL22		22	40	12	6×6
XSL27	60	27	48	12	7×7
XSL32		32	58	14	8×8
XSL40	70	40	70	14	10×10
XSL50		50	90	16	12×12

　　套式面铣刀的刀柄的 A 类（XMA）、B 类（XMB）、C 类（XMC）分别如图 C-15、图 C-16、图 C-17 所示，对应的尺寸见表 C-12、表 C-13、表 C-14，安装按 GB/T 5342.1—2006。

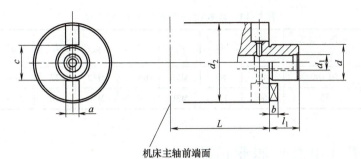

机床主轴前端面

图 C-15　套式面铣刀的刀柄 A 类

表 C-12　套式面铣刀的刀柄 A 类尺寸　　　　　（单位：mm）

装 A 类面铣刀 刀柄型号	工作长度 L （参考）	d h6	d_2	d_1	l_1	a	b	c
XMA22	35～50	22	40	M10	19	10	5.6	22.5
XMA27	45～60	27	48	M12	21	12	6.3	28.5
XMA32	50～60	32	58	M16	24	14	7	33.5

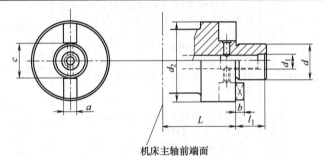

机床主轴前端面

图 C-16　套式面铣刀的刀柄 B 类

表 C-13　套式面铣刀的刀柄 B 类尺寸　　　　　（单位：mm）

装 B 类面铣刀 刀柄型号	工作长度 L （参考）	d h6	d_2	d_1	l_1	a	b	c
XMB27	45～60	27	60	M12	21	12	6.3	30.5
XMB32	50～60	32	78	M16	24	14	7	33.5
XMB40	50～60	40	89	M20	27	16	8	44.5
XMB50	50～70	50	120	M24	30	18	9	55

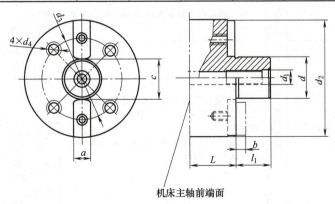

机床主轴前端面

图 C-17　套式面铣刀的刀柄 C 类

表 C-14　套式面铣刀的刀柄 C 类尺寸　　　　　　　　　（单位：mm）

装 C 类面铣刀刀柄型号	工作长度 L（参考）	d h6	d_2	d_1	d_3	d_4	l_1	a	b	c
XMC40	50~60	40	89	M20	66.7	M12	27	16	8	44.5
XMC60	75	60	130	M30	101.6	M16	40	25.4	12.5	65

附录 D　车工（中级）职业标准

职业功能	工作内容		技能要求	相关知识
一、工艺准备	（一）读图与绘图		1. 能读懂主轴、蜗杆、丝杠、偏心轴、两拐曲轴、齿轮等中等复杂程度的零件工作图 2. 能绘制轴、套、螺钉、圆锥体等简单零件的工作图 3. 能读懂车床主轴、刀架、尾座等简单机构的装配图	1. 复杂零件的表达方式 2. 简单零件工作图的画法 3. 简单机构装配图的画法
	（二）制订加工工艺	普通车床	1. 能读懂蜗杆、双线螺纹、偏心件、两拐曲轴、薄壁工件、细长轴、深孔件及大型回转体工件等较复杂零件的加工工艺规程 2. 能制订使用四爪单动卡盘装夹的较复杂零件、双线螺纹、偏心件、两拐曲轴、细长轴、薄壁件、深孔件及大型回转体零件等的加工顺序	使用四爪单动卡盘加工较复杂零件、双线螺纹、偏心件、两拐曲轴、细长轴、薄壁件、深孔件及大型回转体零件等的加工顺序
		数控车床	能编制台阶轴类和法兰盘类零件的车削工艺卡。主要内容有： 1. 能正确选择加工零件的工艺基准 2. 能决定工步顺序、工步内容及切削参数	1. 数控车床的结构特点及其与普通车床的区别 2. 台阶轴类、法兰盘类零件的车削加工工艺知识 3. 数控车床工艺编制方法
	（三）工件定位与夹紧		1. 能正确装夹薄壁、细长、偏心类工件 2. 能合理使用四爪单动卡盘、花盘及弯板装夹外形较复杂的简单箱体工件	1. 定位夹紧的原理及方法 2. 车削时防止工件变形的方法 3. 复杂外形工件的装夹方法
	（四）刀具准备	普通车床	1. 能根据工件材料、加工精度和工作效率的要求，正确选择刀具的型式、材料及几何参数 2. 能刃磨梯形螺纹车刀、圆弧车刀等较复杂的车削刀具	1. 车削刀具的种类、材料及几何参数的选择原则 2. 普通螺纹车刀、成形车刀的种类及刃磨知识
		数控车床	能正确选择和安装刀具，并确定切削参数	1. 数控车床刀具的种类、结构及特点 2. 数控车床对刀具的要求
	（五）编制程序	数控车床	1. 能编制带有台阶、内外圆柱面、锥面、螺纹、沟槽等轴类、法兰盘类零件的加工程序 2. 能手工编制含直线插补、圆弧插补二维轮廓的加工程序	1. 几何图形中直线与直线、直线与圆弧、圆弧与圆弧的交点的计算方法 2. 机床坐标系及工件坐标系的概念 3. 直线插补与圆弧插补的意义及坐标尺寸的计算 4. 手工编程的各种功能代码及基本代码的使用方法 5. 主程序与子程序的意义及使用方法 6. 刀具补偿的作用及计算方法

职业功能	工作内容		技能要求	相关知识
一、工艺准备	（六）设备维护保养	普通车床	1. 能根据加工需要对机床进行调整 2. 能在加工前对普通车床进行常规检查 3. 能及时发现普通车床的一般故障	1. 普通车床的结构、传动原理及加工前的调整 2. 普通车床常见的故障现象
		数控车床	1. 能在加工前对车床的机、电、气、液开关进行常规检查 2. 能进行数控车床的日常保养	1. 数控车床的日常保养方法 2. 数控车床操作规程
二、工件加工	（一）轴类零件的加工	普通车床	能车削细长轴并达到以下要求： 1. 长径比：L/D≥25～60 2. 表面粗糙度：Ra3.2μm 3. 公差等级：IT9 4. 直线度公差等级：IT9～IT12	细长轴的加工方法
	（二）偏心件、曲轴的加工		能车削两个偏心的偏心件、两拐曲轴、非整圆孔工件，并达到以下要求： 1. 偏心距公差等级：IT9 2. 轴颈公差等级：IT6 3. 孔径公差等级：IT7 4. 孔距公差等级：IT8 5. 轴心线平行度：0.02mm/100mm 6. 轴颈圆柱度：0.013mm 7. 表面粗糙度：Ra1.6μm	1. 偏心件的车削方法 2. 两拐曲轴的车削方法 3. 非整圆孔工件的车削方法
	（三）螺纹、蜗杆的加工		1. 能车削梯形螺纹、矩形螺纹、锯齿形螺纹等 2. 能车削双头蜗杆	1. 梯形螺纹、矩形螺纹及锯齿形螺纹的用途及加工方法 2. 蜗杆的种类、用途及加工方法
	（四）大型回转表面的加工		能使用立车或大型卧式车床车削大型回转表面的内外圆锥面、球面及其他曲面工件	在立车或大型卧式车床上加工内外圆锥面、球面及其他曲面的方法
	（一）输入程序	数控车床	1. 能手工输入程序 2. 能使用自动程序输入装置 3. 能进行程序的编辑与修改	1. 手工输入程序的方法及自动程序输入装置的使用方法 2. 程序的编辑与修改方法
	（二）对刀		1. 能进行试切对刀 2. 能使用机内自动对刀仪器 3. 能正确修正刀补参数	试切对刀方法及机内对刀仪器的使用方法
	（三）试运行		能使用程序试运行、分段运行及自动运行等切削运行方式	程序的各种运行方式
	（四）简单零件的加工		能在数控车床上加工外圆、孔、台阶、沟槽等	数控车床操作面板各功能键及开关的用途和使用方法
三、精度检验及误差分析	（一）高精度轴向尺寸、理论交点尺寸及偏心件的测量		1. 能用量块和百分表测量公差等级为IT9的轴向尺寸 2. 能间接测量一般理论交点尺寸 3. 能测量偏心距及两平行非整圆孔的孔距	1. 量块的用途及使用方法 2. 理论交点尺寸的测量与计算方法 3. 偏心距的检测方法 4. 两平行非整圆孔孔距的检测方法
	（二）内外圆锥检验		1. 能用正弦规检验锥度 2. 能用量棒、钢球间接测量内、外锥体	1. 正弦规的使用方法及测量计算方法 2. 利用量棒、钢球间接测量内、外锥体的方法与计算方法
	（三）多线螺纹与蜗杆的检验		1. 能进行多线螺纹的检验 2. 能进行蜗杆的检验	1. 多线螺纹的检验方法 2. 蜗杆的检验方法

参 考 文 献

[1] 陆剑中，孙家宁. 金属切削原理与刀具 [M]. 5 版. 北京：机械工业出版社，2017.

[2] 刘英. 机械制造技术基础 [M]. 3 版. 北京：机械工业出版社，2018.

[3] 蒲艳敏，李晓红. 金属切削刀具选用与刃磨 [M]. 2 版. 北京：化学工业出版社，2016.

[4] 李增平，付荣利. 机械制造技术 [M]. 北京：机械工业出版社，2018.

[5] 陈爱平. 金属切削刀具常识及使用方法 [M]. 北京：机械工业出版社，2012.

[6] 郑喜朝. 机械加工设备 [M]. 西安：西安电子科技大学出版社，2018.

[7] 王先逵. 机械制造工艺学 [M]. 4 版. 北京：机械工业出版社，2019.

[8] 袁哲俊，刘献礼. 金属切削刀具设计手册 [M]. 2 版. 北京：机械工业出版社，2018.

[9] 李玉青. 特种加工技术 [M]. 2 版. 北京：机械工业出版社，2021.

[10] 于大国. 深孔加工与检测技术创新 [M]. 北京：国防工业出版社，2016.

[11] 杨晓. 数控螺纹、齿轮加工刀具选用全图解 [M]. 北京：机械工业出版社，2020.